計算力がつく
インド数学
入門ドリル

佐藤 弘文[著]

永岡書店

◎はじめに◎

　インド式計算法の書籍は現在，多数出版されています。計算力のアップは，仕事の面でも学習の面でも求められていて，多くの人の関心の高いスキルのひとつです。2けたや3けたのかけ算なども，暗算で答えを求めることができるインド式計算法が注目されるのも理解できます。

　ほかにも，理由を見つけることができます。日本人は昔から，算数や数学への関心が高かったと言われています。江戸時代には，庶民が趣味として数学を楽しんでいたとか，数学書『塵劫記(じんこうき)』が大ベストセラーになったという話もあります。いままで，健脳とか，活脳とかの言葉が氾濫し，脳トレーニングがブームとなるのもわかるような気がします。

　ともあれ，インド式計算法が注目されるのも，実務面でのスキルの強化だけではない目的があるようです。思いがけない解答手順で答えを導き出すインド式計算法の不思議に触れたい，「なぜ，そうなるの？」という疑問に解答を得たい，とい

う欲求があるのではないでしょうか。

　本書では，そのインド式計算法の「かんたんさ」を伝えるだけではなく，その不思議に「なるほど」という理解が視覚的に得られるように，図解の《考え方》を多く掲載し，解説しました。インド式計算法の不思議に触れ，さらに，その意味を理解できるように工夫してあります。各項目の最後には，かんたんな練習問題も載せてあります。ご自分でインド式計算法で挑戦してみてください。

　文化が異なれば計算法も異なる——異文化計算法を楽しみながら読んでいただければ幸いです。

平成 19 年 9 月吉日

著者記す

（注意）　本書で紹介する計算法は，日本の学校で習う計算法とは異なっています。授業や試験で解答手順を示す必要がある場合は使わないでください。

◎本書の使い方◎

◆前提となる算数・数学知識

本書では，とくに難しい用語は使用していません。小学校や中学校で聞き覚えた数学の用語を思い出していただければ読み進むことができます。

◆一般的な用語と算数・数学用語

多くの計算式は，かんたんなものばかりです。注意していただきたいのは，（　）を使った計算式ぐらいです。（　）があったら，（　）のなかを先に計算する，ということを思い出してください。

◆《考え方》と《解説》

《考え方》には主に，インド式計算法の手順を細かく示してあります。それに合わせて《解説》で説明も付けました。「**ポイント**」と合わせて読んでください。

◆《問題》と《解答・解説》

《問題》には巻末に「**解答・解説**」をつけました。インド式計算法の理解度を確かめることができます。また，一部には本文では触れていないポイントなども説明してあります。

目　次

はじめに 3
本書の使い方 5

第1章 インド式計算の基礎 11

1 「きり」のよい数 — 補数を使う計算に慣れる 13

2 インド式たし算① — 2けたのたし算 17

3 インド式たし算② — けた数の多いたし算 21

4 インド式ひき算①
　　— 1000からひくひき算　　　　　..... 25

5 インド式ひき算②
　　— けた下がりが見えるひき算　　　　..... 29

第2章 メソッド豊富なインド式かけ算
.... 33

1 11から19段までのかけ算の驚き 35

目　次

2	**67 × 63 をかんたん計算！**	…………… 39
3	**48 × 68 をかんたん計算！**	…………… 43
4	**58 × 56 をかんたん計算！**	…………… 47
5	**157 × 153 をかんたん計算！**	…………… 51
6	**311 × 389 をかんたん計算！**	…………… 55
7	**748 × 999 をかんたん計算！**	…………… 59
8	**○●× 11 の計算は，「えっ」と思う間に答えが出る**	…………… 63
9	**100 に近い数どうしのかけ算①** ― 100 より小さい数の場合	…………… 67
10	**100 に近い数どうしのかけ算②** ― 100 より大きい数の場合	…………… 71
11	**100 に近い数どうしのかけ算③** ― 100 より小さい数と大きい数の場合	………… 75
12	**インド式たすきがけ計算①** ― 2けたのかけ算	… 79

13 インド式たすきがけ計算② —3けたのかけ算… 83

14 インド式たすきがけ計算③ —4けたのかけ算… 89

15 インド式たすきがけ計算④
— けたがふぞろいな数 (1) ………… 95

16 インド式たすきがけ計算⑤
— けたがふぞろいな数 (2) ………… 101

17 1けた目が「5」なら2乗もかんたん①
—2けたの2乗計算 ………… 109

18 1けた目が「5」なら2乗もかんたん②
—3けたの2乗計算 ………… 113

19 直線の交点を利用した計算①
—2けたのかけ算 ………… 117

20 直線の交点を利用した計算②
—3けたのかけ算 ………… 123

21 マス目計算でかけ算もかんたん①
—2けたの計算 ………… 129

目 次

22 マス目計算でかけ算もかんたん②
　―３けたの計算　　　　　　　　　………… 135

23 インド式かけ算の基本がわかる面積計算 ····· 141

第3章 数の秘密を上手に使うインド式わり算
　　　　　　　　　　　　　　　………… 145

1　「9」でわるわり算①―２けたのわられる数 … 147

2　「9」でわるわり算②―３けたのわられる数… 151

3　「9」でわるわり算③
　　　― 余りの処理が必要な計算　　 ………… 155

4　「きり」のよい数で計算するわり算① ………… 161

5　「きり」のよい数で計算するわり算② ………… 169

解答・解説　　　　　　　　　　　　………… 177

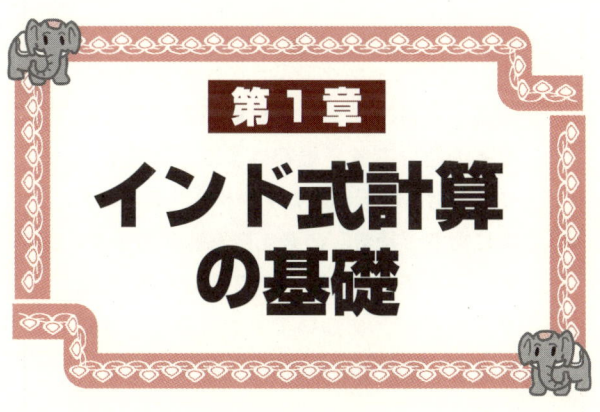

第1章
インド式計算の基礎

第1章は，インド式計算法の基本的な内容の紹介です。最初はまず，計算をよりかんたんな形にするインド式計算法の基本にある"補数"の考え方を紹介します。また，インド式計算法の特徴である"左側からの計算"について，たし算とひき算を通して触れるように構成してあります。

インド式計算の基礎　　　　　　　　**第1章　1**

「きり」のよい数
——補数を使う計算に慣れる

《例題》

69 + 47 = ?

●端数があるとめんどくさい→「きり」のよい数にします。

　インド式計算の基本に「『きり』のよい数にする」という考えがあります。この考えに、補数が利用されています。たとえば、「69 + 47」より、「70 + 50」のほうが計算がかんたんです。インドの人は、「69 + 47」の計算を「70 + 50」に置き換えて計算するのです。69 と 70 の差の「1」を補数といいます。47 も同様です。補数「3」を加えて「50」にしています。

　補数を使った計算では、結果と正しい答えとの間に差が出ますが、それもかんたんに処理します。

《考え方》

❶ 補数の基本

与えられた数をある一定の数からひき算した数のこと。

(例)　69の補数は？
　　　70 − 69 = 1

「70」を基準とすると，補数は「1」となる。

❷ 補数を使って，「きり」のよい数にする。

「69」という数が出てきたら「70」をイメージして計算し，補数分の差をあとで処理する。

(例)　69 + 47 の答えは？
　　　70 + 47 = 117
　　　117 − 1 = **116**…（答）

《解説》

❶ 補数の基本

「37」の補数を考えてみましょう。

10 とか 100 以外にもある「きり」のよい数を基準にします。ここでは「40」を基準にして考えます。補数は「3」です。

❷ 補数を使って,「きり」のよい数にする

1 けたのたし算は暗算でもできます。

これと同じように, 2 けたや 3 けたのたし算でも, 20, 300 のように, そのけたより下位のけたが 0 であるときは, 計算は楽です。

インド式計算では, このような計算しやすい数を利用して, 計算をかんたんにしています。

◯ポイント◯

インド式計算では, 与えられた数(たされる数やたす数, ひかれる数やひく数, など)と「きり」のよい数(基準にする数)との差を補数という。

第1章 1

《問題》

つぎの数の「きり」のよい数(基準の数)と補数を答えよう。

① 39

② 76

③ 28

④ 67

⑤ 17

⑥ 58

⑦ 49

⑧ 87

⑨ 51

⑩ 62

インド式計算の基礎　　　　第1章 2

インド式たし算①
——2けたのたし算

《例 題》

58 + 43 = ?

●**インド式では，計算は左側から始めます。**

　たし算だけでなく，インド式計算では計算を1の位から始めるのではなく，上位のけた，つまり左側にある数から行います。慣れないと，最初はちょっと戸惑いますが，くり上げがあまり気にならず，計算ミスを少なくしてくれます。

　例題で，どんなふうに計算するのかを見てみましょう。かんたんな例ですが，「なるほど」とうなずけますよ。

《考え方》

58＋43

【ステップ1】 **10の位をたす。**

```
  ⑤8  ← たされる数
+ ④3  ← たす数
  90  ……………… ❶
```
（計算は5＋4でも，位は10の位）

【ステップ2】 **1の位をたす。**

```
  5⑧
+ 4③
  90
  11  ……………… ❷
```

【ステップ3】 **❶と❷をたす。**

```
    58
+   43
    90
    11      （ステップ1〜3をくり返す）
    10
+    1
   101  …………… （答）
```

101

《解説》

【ステップ1】 10の位をたす

　2けたのたし算では，たされる数とたす数の10の位から計算を始めます。「5 + 4」で，「9」となります。ここで注意です。いま行ったのは10の位の計算なので，ほんとうの答えは「90」です。

　このあとのかけ算やわり算も同様ですが，「けた」とか「位」には十分に気をつけてください。日本式の筆算などでもそうですが，なくてもわかる「0」を省いて書くことがよくあります。結果として，数字を書く位置を間違えたりすることもあります。今回の「90」も「0」を書かなくてもいいですが，「9」を書くけたの位置は間違えないでください。

【ステップ2】 1の位を計算する

　「11」です。1の位の計算ですから，90にけたが重なるように下に書きます。

【ステップ3】 手順をくり返す

　たし算は，それぞれの計算を並べて書くとき，けたの重なりがなくなったり，くり上がりが出なくなったりすれば終わりです。

第1章 2

《問題》

① 36 + 87

② 76 + 46

③ 21 + 83

④ 97 + 41

⑤ 64 + 53

⑥ 49 + 78

インド式計算の基礎　　第1章 3

インド式たし算②
——けた数の多いたし算

《例 題》

$$326 + 875 = ?$$

●**手順がわかれば，暗算でできます。**

　けた数の多いたし算では，日本でも筆算を用います。そして，くり上がりがあると，その数を小さな文字で式の近くに書いておいたり，口で反すうしながら必死に記憶しておこうとします。ここに間違いのもとがあるのですが，インド式では，そうした苦労は不要です。

　例題の図を見ると，ステップが多そうに思えますが，実際は記憶しやすい平易な手順になっています。慣れてくると，暗算でもできますよ。

《考え方》

326＋875

【ステップ1】 それぞれの位のたし算をする。

```
    ① ② ③
    3 2 6
+   8 7 5
─────────
  1 1 0 0   …①100の位のたし算
      9 0   …②10の位のたし算
      1 1   …③1の位のたし算
```

【ステップ2】①②③をたす。

```
      3 2 6
  +   8 7 5
  ─────────
    1 1 0 0
        9 0
        1 1
  ─────────
    1 1 0 0
      1 0 1
  ─────────
    1 2 0 1  ……………（答）
```

（左からの計算の手順をくり返す）

326＋875 → 1201

《解 説》

【ステップ1】 100の位からたす

　1けたのたし算でも，結果は2けたになることがあります。このとき，よくけた位置を間違えます。現在のけた位置から左側に書いていくんですね。結果が2けたになるということは，現在の数のけた位置より上ということです。10の位は，左のけたのところに入ります。

【ステップ2】 手順をくり返す

　それぞれのけたの1けたのたし算をすると，さらにくり上がりが生じることがあります。その場合は，10の位の数を左隣のけたに重ねて書いて再びたし算です。くり上がりがなくなれば，答えです。

【ステップ3】 たし算の答え

　たし算はそれぞれの計算を並べて書くとき，けたの重なりがなくなったり，くり上がりが出なくなったりすれば，終わりです。

◎ポイント◎

インド式たし算はくり上がりが気にならない。

第1章 3

《問題》

① 275 + 389

② 724+555

③ 486 + 634

④ 132 + 786

⑤ 582 + 873

⑥ 352 + 698

インド式計算の基礎

第1章 4

インド式ひき算①
——1000からひくひき算

《例題》

1000－628＝？

●ひき算は「9」と補数が活躍します。

　インド式計算法では，「補数」がよく使われます。また，「9」という数にも，他の数にない特徴があって，インド式計算法でよく登場します。

　ここで紹介するひき算でも，「9」と補数が登場します。どんなふうに使われているか，気をつけて読んでください。

　このあと，かけ算やわり算で出てくる補数の利用や「9」に注目した計算法を覚えるときにも役立ちますよ。

第1章 4

《考え方》

1000－628

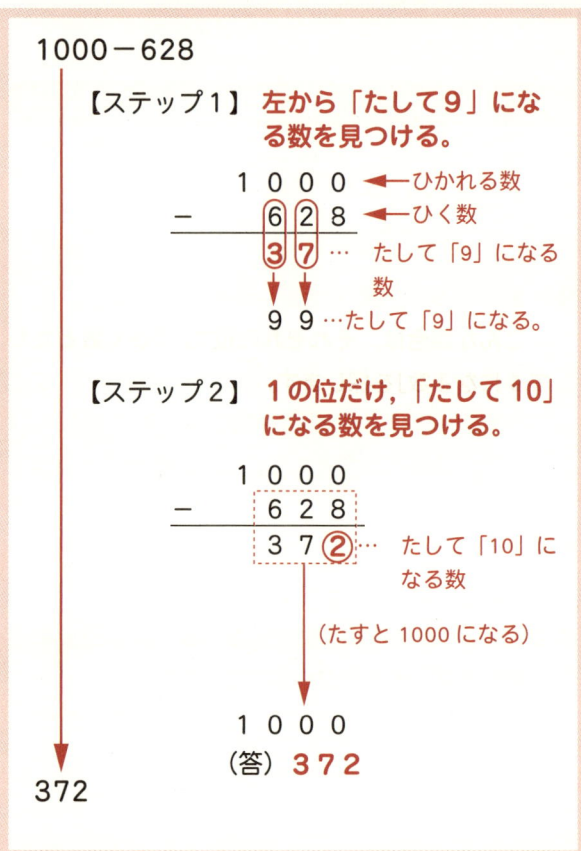

【ステップ1】 左から「たして9」になる数を見つける。

```
  1 0 0 0  ← ひかれる数
－ ⑥②8    ← ひく数
  ③⑦ …たして「9」になる数
  9 9 …たして「9」になる。
```

【ステップ2】 1の位だけ、「たして10」になる数を見つける。

```
  1 0 0 0
－  6 2 8
   3 7 ② …たして「10」になる数
```

（たすと1000になる）

1 0 0 0
（答）**372**

372

第1章 4

《解 説》

インド式ひき算では、まず「9」に注目します。

【ステップ1】「たして9」になる数を見つける

ひき算も左側から始めます。ただし、今回は、ひく数に1000の位がないので、100の位からになります。

ひかれる数の100, 10, 1のそれぞれの位は「0」です。

こんな場合は、それぞれの位で、「ひく数とたして9になる数」を探します。

これが、答えの1の位を除く各けたの数になります。100の位「3」、10の位「7」です。

【ステップ2】1の位の数に必要なのは補数

1の位には、「たして10になる数」が入ります。つまり、10を基準の数にしたときの1の位の数の"補数"です。例題では「2」になります。

10と100の位が「9」になるようにしているのは、下位のけたからのくり上がりを待っているのです。

第1章 4

《問 題》

① 1000 − 435　② 1000 − 289

③ 1000 − 731　④ 1000 − 164

⑤ 1000 − 623　⑥ 1000 − 508

インド式計算の基礎　　　　　　　　第1章 5

インド式ひき算②
——けた下がりが見えるひき算

《例題》

3000 − 534 = ?

● 1000の位に数が残ります。

　1000から数をひくひき算では，1000の位をあまり意識しないで説明しました。しかし，これから説明する「3000」から3けたの数をひく場合ではどうでしょうか。1000の位の「3」がそのまま消えてしまっては困ります。

　このひき算をとおして，各けたの数の関係と補数について少し理解を深めていきます。

第1章 5

《考え方》

3000 − 534

【ステップ1】 左から「たして9」になる数を見つける。

```
   3 0 0 0
 −   5 3 4
   ─────
     4 6  … たして「9」になる数
```

【ステップ2】 1の位だけ,「たして10」になる数を見つける。

```
   3 0 0 0
 −   5 3 4
   ─────
     4 6 ⑥ … たして「10」になる数
```

【ステップ3】 1000の位の数を「1」減らす。

```
   ③ 0 0 0
 −   5 3 4
   ─────
   2 4 6 6   ……… (答)
```

2466

30

《解 説》

【ステップ1，2】「たして9」と「たして10」を見つける

1000の位以外の各けたの答えになる数の見つけ方は，前の例題と同じです。

1の位以外は「たして9になる数」を，1の位は「たして10になる数」を探します。

左ページの図を見てください。

見つかりましたか。答えの1の位から100の位までは「466」です。

【ステップ3】1000の位の数を1減らす

日本的な表現をすると，100の位のひき算をするときに「0からは5がひけないから，隣の1000の位から借りてきて……」となります。

しかし，インド式計算では，2000＋（1000－534）と考えます。

（　）内は前の例題と同じ計算ですね。したがって，2000＋466となるわけです。

たし合わせて，答え「2466」が求まります。

第1章 5

《問題》

① 4000 − 338　② 6000 − 481

③ 3000 − 293　④ 2000 − 792

⑤ 9000 − 547　⑥ 7000 − 684

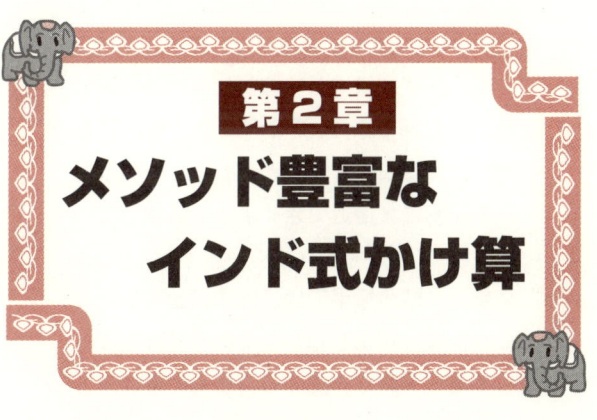

第2章
メソッド豊富な インド式かけ算

インド式計算法の特徴的な多くの手法はかけ算にあります。第2章では，その特徴的な計算法を紹介するとともに，その計算法の秘密に大接近できるように解説しています。

　また，章の後半では，図や線を用いたユニークな計算法も紹介しています。遊びとして楽しみながら覚えることもできます。

11から19段までのかけ算の驚き

《例題》

13 × 19 = ?

●数の約束事は、いろいろなところに隠れています。

　11から19段までのかけ算に隠れている約束事をインド人は知っています。

　その約束事を使うと、「13 × 19」の計算もあっという間にできてしまいます。

　その約束事は、かけられる数とかける数のそれぞれの位を分けてみると現れます。

第2章 1

《考え方》

13 × 19

【ステップ1】 一方の数に他方の数の1の位の数をたす。

13 × 1**9**

13 + 9 = **22** ……… ❶

【ステップ2】 かけられる数とかける数の1の位の数をかける。

1**3** × 1**9**

3 × 9 = **27** ……… ❷

【ステップ3】 ❶の1の位と❷の10の位が重なるようにしてたす。

```
  2 2
+   2 7
─────
  2 4 7
```
……… ❸

247

《解 説》

❶ 一方の数に他方の数の1の位の数をたす

ここでは、かけられる数「13」にかける数「19」の1の位の「9」をたします。かけられる数とかける数の関係が逆でもかまいません。

❷ かけられる数とかける数の1の位の数をかける

かけられる数の1の位の数「3」とかける数の1の位の数「9」をかけます。結果は「27」となります。

❸ ❶と❷で求めた数をたす

❶と❷で求めた数をたし合わせるときは、けたをずらして行います。❶で求めた数の1の位の数と❷で求めた数の10の位が重なるように並べてたし合わせます。結果が「13 × 19」の答えとなります。「247」です。

◎ポイント◎

上のメソッドは、かけられる数とかける数が11から19までのルールである。

20以上の数になると、このメソッドは使えない。

第2章 1

《問題》

① 11 × 19

② 12 × 15

③ 17 × 13

④ 18 × 16

⑤ 15 × 13

⑥ 19 × 18

メソッド豊富なインド式かけ算　第2章 2

67 × 63 をかんたん計算！

《例題》

67 × 63 ＝ ？

● 10の位が同じで，1の位をたしたら10になるとき――10の位と1の位を分けて考えます。

「67×63」を日本式で暗算しようとすると，筆算イメージを思い浮かべ，1の位から順に計算を始め，くり上がりを意識しつつ，上位の位の計算に入っていきます。しかし，しっかり覚えていないと，誤算の原因になります。

ところが，インド式では，10の位は10の位，1の位は1の位と分けて計算します。くり上がりを意識せずに計算できるので，**暗算**でもかんたんに計算できます。

《考え方》

67×63

【ステップ1】 10の位の計算

かける数の10の位の数に1をたしてから，かけられる数とかける。

6̄7 × 6̄3
      +
      1
      =
      7̄
×

42 ……… ❶

【ステップ2】 1の位の計算

そのままかける。

6 7̄ × 6 3̄
    ×

21 …… ❷

【ステップ3】 **❶と❷で求めた数を並べる。**

4221 ……… ❸

4221

《解 説》

❶ 10 の位の計算

かける数の 10 の位の数 (ここでは「6」) に 1 を加えてから (「7」になる), かけられる数の 10 の位の数 (ここでは「6」) にかけます。結果は, 「42」です。この数は答えの 1000 の位と 100 の位になります。

❷ 1 の位の計算

1 の位の数の計算は, そのままかけます。ここでは, かけられる数の 1 の位の数「7」とかける数の 1 の位の数「3」を直接かけます。結果は,「21」です。

この数は, 答えの 10 の位と 1 の位になります。

❸ ❶と❷で求めた数を並べる

❶で求めた数「42」と❷で求めた数「21」を左から並べます。「4221」となります。これが, 67 × 63 の答えになります。

◎ポイント◎

上の方法は, お互いの 1 の位の数をたして,「10」になるときのルールである。

それ以外の場合, この方法は使えない。

第2章 2

《問題》

① 44 × 46

② 73 × 77

③ 36 × 34

④ 28 × 22

⑤ 81 × 89

⑥ 92 × 98

メソッド豊富なインド式かけ算　　第2章 3

48×68 をかんたん計算！

《例 題》

48×68＝？

●まず，かけ算の規則性を見つけます。

　インド式計算では，計算式の特徴に目をつけます。「48×68」の計算式もよく見ていると，なにやら式の特徴が見えてきます。

　どうですか。見えてきましたか。そうです。この式には特徴が2つあります。

　それは，10の位の数をたすと「10」になることと，もう1つは，1の位の数が同じ「8」ということです。

第2章 3

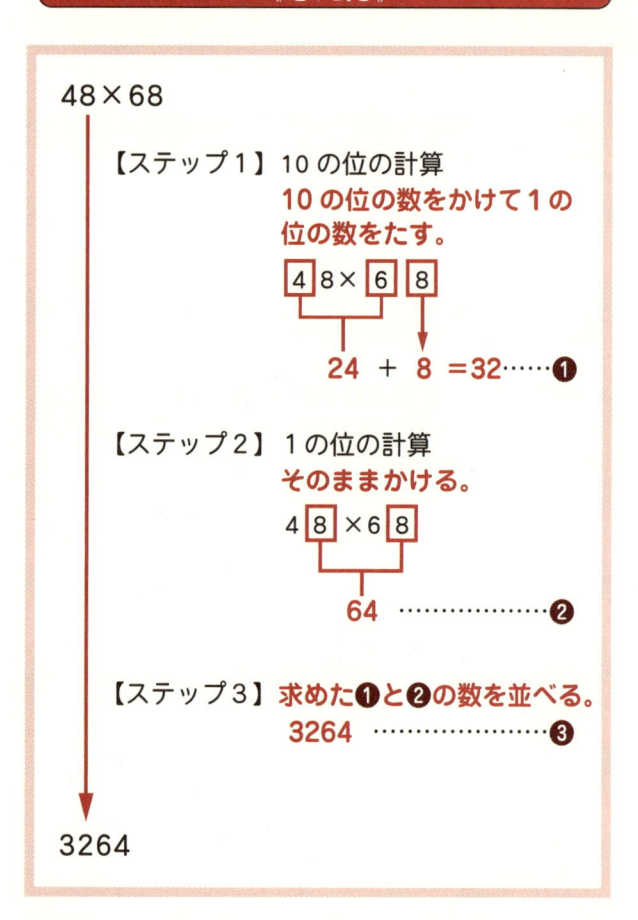

《考え方》

48×68

【ステップ1】 10の位の計算
10の位の数をかけて1の位の数をたす。

4|8 × 6|8

24 + 8 = 32 ……❶

【ステップ2】 1の位の計算
そのままかける。

4|8 × 6|8

64 ……❷

【ステップ3】 **求めた❶と❷の数を並べる。**
3264 ……❸

3264

《解 説》

かけられる数とかける数には、10の位の数をたすと「10」になり、1の位の数が同じ「8」という特徴があります。このような数の計算も、10の位と1の位を分けて考えます。

❶ 10の位の計算

かけられる数とかける数の10の位の数はそれぞれ「4」と「6」です。ここでは、この2数をかけ、それに、どちらかの1の位の数をたします。ここでは、かける数の1の位の数「8」を加えます。「32」になります。この数が答えの1000の位と100の位に入る数になります。

❷ 1の位の計算

答えの10の位と1の位に入る数を求める計算です。かけられる数とかける数の1の位の数を単純にかけます。「64」になります。

❸ 答えを求める

❶と❷で求めたそれぞれの位に入る数を単純に並べるだけです。❶で求めた数を左に、❷で求めた数をその右側に置きます。「3264」になります。

第2章 3

《問題》

① 63 × 43

② 82 × 22

③ 66 × 46

④ 97 × 17

⑤ 35 × 75

⑥ 24 × 84

第2章 4 メソッド豊富なインド式かけ算

58 × 56 をかんたん計算！

《例題》

58 × 56 = ?

● 10 の位の数が同じとき——少しでも計算をかんたんにする発想が大事です。

　かけられる数もかける数も、10 の位の数が同じ「5」です。これも与えられた 2 つの数のあいだにある特徴——共通項です。インド式計算では、この特徴を見逃しません。

　くり上がりを気にせず、しかも途中の計算をちょっとかんたんにする方法が潜んでいます。図解すると、その理由がよくわかります。

第2章 4

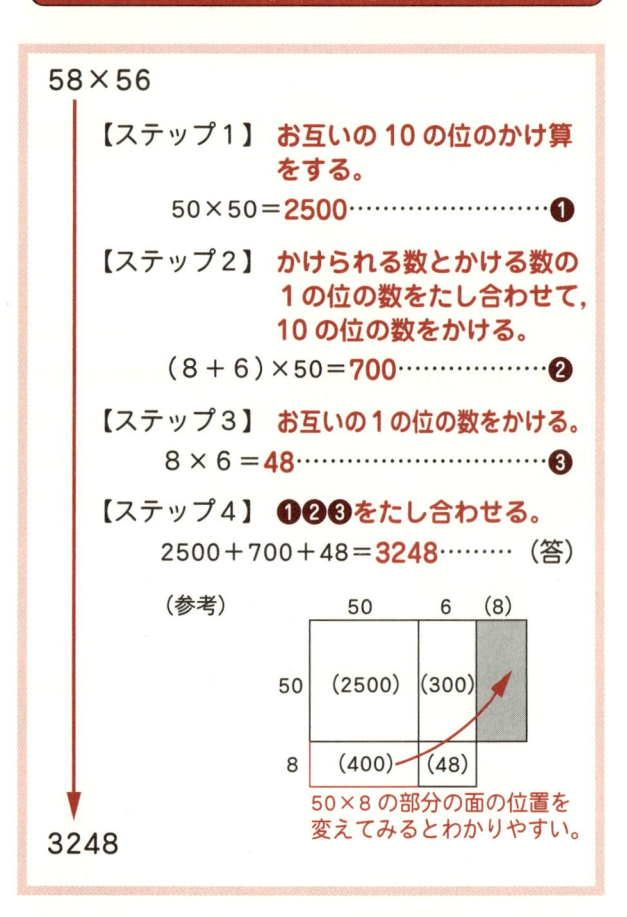

《考え方》

58×56

【ステップ1】 **お互いの10の位のかけ算をする。**

50×50＝**2500** ············ ❶

【ステップ2】 **かけられる数とかける数の1の位の数をたし合わせて，10の位の数をかける。**

(8＋6)×50＝**700** ············ ❷

【ステップ3】 **お互いの1の位の数をかける。**

8×6＝**48** ············ ❸

【ステップ4】 **❶❷❸をたし合わせる。**

2500＋700＋48＝**3248** ········ (答)

(参考)

	50	6	(8)
50	(2500)	(300)	
8	(400)	(48)	

50×8の部分の面の位置を変えてみるとわかりやすい。

3248

《解 説》

インド式計算の特徴のひとつに，くり上がりやくり下がりを意識しないで計算できることがあります。

例題のような計算を日本式の筆算で行うと，常にくり上がりを意識しなければいけません。

くり上がりがあって，さらにその上にくり上がりがあったりすると，混乱を起こす原因にもなります。

その点，インド式計算では解消されています。

❶ 10の位どうしをかけます。かけられる数もかける数も「50」です。かけると「2500」となります。

❷ ここがポイントです。かけられる数もかける数もいずれも，1の位は相手の数の10の位の数「50」とかけます。したがって，それぞれの1の位の数をたしてから50とかけても同じになります。「700」になります。

❸ あとは，1の位のかけ算です。そのままかけます。「48」になります。

最後に，❶❷❸の数をたします。「3248」になります。

第2章 4

《問 題》

① 38 × 32

② 73 × 72

③ 45 × 49

④ 67 × 64

メソッド豊富なインド式かけ算　第2章 5

157 × 153 をかんたん計算！

《例題》

157 × 153 = ？

●**かけられる数とかける数が似ていることに注目します。**

　計算を始める前には必ず，その計算式の特徴を見定めましょう。インド式計算の場合，あらゆる計算に通用する汎用性があるというわけではなく，それぞれの数や数のあいだにある関係に注目した法則に着目します。

　もう，上の計算式の特徴にも気づいたはずです。そうです，かけられる数とかける数に共通に「15」という数が含まれていますそれに，お互いの1の位の数をたすと，「10」になることです。

第 2 章 5

《考え方》

157×153

【ステップ1】 「15×16」の計算
(35 ページ参照)

```
    1 5
×   1 6
─────────
    2 1
+   3 0
─────────
  2 4 0  ………❶
```

【ステップ2】 「7×3」の計算
7×3＝21 ………❷

【ステップ3】 ❶と❷を並べる。
24021 …………（答）

24021

《解 説》

❶ 左に並ぶ数の計算——「15」に注目する

かけられる数とかける数の同じ数「15」に注目します。似たような計算を前にしています。

(かけられる数)×(かける数＋1)の計算を思い出してください。

したがって，ここでは，15 ×(15 ＋ 1)となります。

前は1けたの計算になりましたが，ここでは2けたの計算です。しかし，2けたのインド式かけ算もすでにやっています(参照35ページ)。15 × 16は「240」となります。

この数が答えの左に並ぶ数です。

❷ 右に並ぶ数を計算する

かけられる数とかける数の1の位の数を直接かけます。7 × 3で「21」となります。

❸ ❶と❷で求めた数を並べると，答えになる

❶で求めた「240」を左に，❷で求めた「21」を右に並べると，「24021」。これが答えです。

第2章 5

《問題》

① 213 × 217

② 146 × 144

③ 188 × 182

④ 321 × 329

メソッド豊富なインド式かけ算　　第2章　6

311 × 389 をかんたん計算！

《例題》

$$311 × 389 = ?$$

● **2けたで使った方法で、3けたのかけ算を解きます。**

いくつ特徴が見つかりますか。上の式の特徴は4つ。まず、かけられる数もかける数も、いずれも **3けた**。そして、100の位の数は「**3**」です。お互いの数の下2けたをたすと、「**100**」。そして、大きな特徴がもうひとつあります。それは、かけられる数に「**11**」が含まれていることです。

2けたの数のかけ算なら「11」はすぐ注目されますが、3けた以上の計算でも分解して計算するときに、2けたのときの計算方法を利用することができます。

「11」に注目した計算方法は63〜66ページで取り上げます。

《考え方》

311×389

【ステップ1】 「3×4」の計算
  3×4＝12 ……………❶

【ステップ2】 「11×89」の計算
  （63〜66ページ参照）
  89×10＝890 …10の位の計算
  89× 1＝ 89 …1の位の計算
  　　　　979 ……………❷

【ステップ3】 ❶と❷を並べる。
  120979 ……… （答）

> 【ステップ1】の計算はそれぞれ100の位のかけ算なので、求められる数は10000の位の数になっている。つまり、「120000」となる。したがって、❷で求めた数と並べるときは、「979」の前に0がひとつ入る。

120979

《解説》

❶ 100の位のかけ算

100の位の数は「3」で，かけられる数もかける数も同じです。このようなときは，（かけられる数）×（かける数＋1）の計算をします。3×4で，「12」となります。両方の100の位の計算なので，この数は，答えの左側，6けた目と5けた目に入ります。答えは12○○○○となります。○に入る4けたの数は，次の計算で求めます。

❷「11」のかけ算（63〜66ページ参照）

下2けたの数の計算をします。11×89です。この計算は，左ページの【ステップ2】のように行います。89をけたをずらしてたすわけです。「979」になります。

❸ ❶と❷で求めた数を並べる

12○○○○の○の部分に❷で求めた数が入ります。しかし，○は4けた分ありますが，❷で求めた数は3けたです。そうです。❷で求めた「979」は答えの右端から入ります。2つの数を並べたとき，不足する右から4けた目には「0」が入ります。

答えは「120979」となります。

第2章 6

《問題》

① 411 × 489

② 789 × 711

③ 589 × 511

④ 811 × 889

メソッド豊富なインド式かけ算

第2章 7

748 × 999 をかんたん計算！

《例 題》

748 × 999 = ?

●かける数が「999」の場合の計算——補数を使います。

　特徴のある数が入っています。かける数の「999」です。理由はあとで考えるとして，インド式計算では，いともかんたんに答えを導くことができます。

　表だって出てきませんが，陰で999の補数が働いています。

　では，頭をひねりながら，いっしょにやってみましょう。

《考え方》

748×999

答えは「6けた」の数になる。
上位3けたと下位3けたで考える。

（答）○○○　○○○
　　（上位3けた）（下位3けた）

【ステップ1】上位3けたの計算
　　　　　　⇨ **かけられる数から「1」をひく。**
　　　　　　748−1＝**747** ……❶

【ステップ2】下位3けたの計算
　　　　　　⇨ **かけられる数の補数が入る。**
　　　　　　748の補数
　　　　　　「**252**」…………❷

【ステップ3】**❶と❷の数を並べる。**
　　　　　　747252 …（答）

747252

第2章 7

《解 説》

ポイントは,「999」の補数です。

999 は 1000 − 1 と同じですね。つまり, 748 × 999 は 748 ×(1000 − 1)となります。

ここで,「あっ」と気づいた人もいると思います。

そうです。式は 748000 − 748 となります。

下3けたの 748 を 000 からひくには, 4けた目の「8」から「1」くり下げなくてはいけません。つまり, くり下げ後の上位3けたは「747」に, 下位3けたはくり下げによって 1000 から 748 をひく, つまり 748 の補数になるわけです。「252」です。

したがって, 答えは「747252」となります。

インド式計算では, くり下がりを意識しなくても計算できるというわけです。

左ページの図を見ながら, もう一度振り返ってみてください。

◎ポイント◎

基準の数を 1000 とすると, 999 の補数は「1」。また, 同様に, 748 の補数は「252」となる。

第2章 7

《問題》

① 756 × 999

② 347 × 999

③ 999 × 812

④ 999 × 932

⑤ 999 × 573

⑥ 864 × 999

メソッド豊富なインド式かけ算　　第2章 8

○●× 11 の計算は，「えっ」と思う間に答えが出る

《例 題》

35× 11 = ?

● 「10」と「1」を別々にかけて，たします。

　特殊な数を見つける――これも計算をかんたんにするポイントです。

　ここでは「11」が特殊な数です。

　11 は「10」と「1」を合わせたもの。そして，10 は 1 を 10 倍した数です。

　ヒントはこれくらい。筆算の形式で書いてみると，ヒントはもっと鮮明になります。

第2章 8

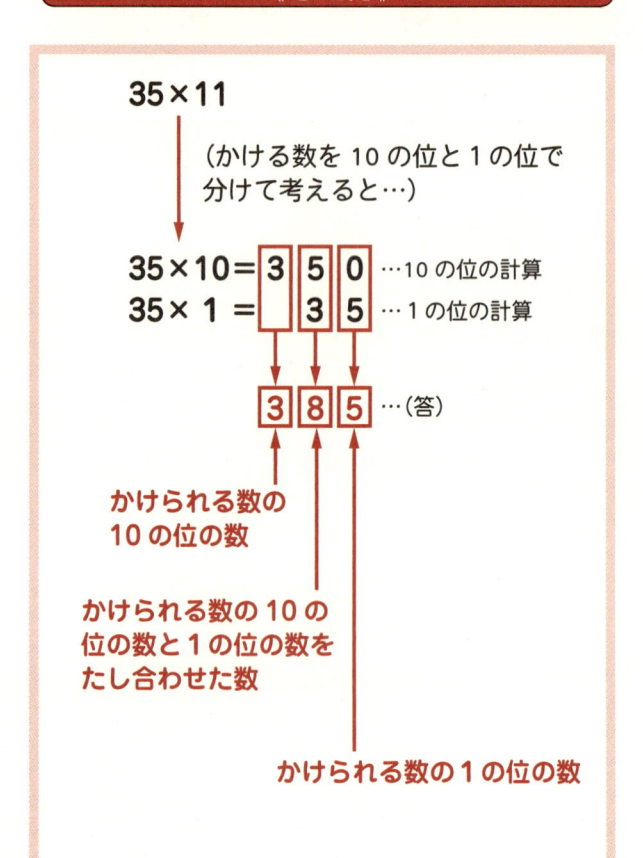

《考え方》

35×11

（かける数を 10 の位と 1 の位で分けて考えると…）

35×10＝ **3 5 0** …10 の位の計算
35× 1 ＝ **3 5** …1 の位の計算

→ **3 8 5** …（答）

かけられる数の 10 の位の数

かけられる数の 10 の位の数と 1 の位の数をたし合わせた数

かけられる数の 1 の位の数

《解 説》

「11」をかける計算では，和室の床の間脇などにある「違い棚」を思い浮かべるといいかもしれません。ことばでいうと，「(ある数)と(ある数を10倍した数)をたす」ということになります。

この例では，ある数は「35」です。

つまり，35 × 11 は，35 + 35 × 10 となります。**けたの異なる同じ数をたす**となります。どこか，一部で重なりをもつ「違い棚」のイメージになりませんか。

インド式的には，つぎのように，かんたん計算に結びつくことになります。

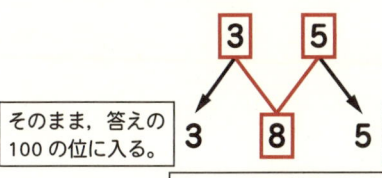

| そのまま，答えの100の位に入る。 | 3　**8**　5 | そのまま，答えの1の位に入る。 |

（上に 3 と 5、下段中央に「3＋5」の結果「8」が10の位に入る。）

◎ポイント◎

位が違う表面的に同じ数は，かんたん計算に結びつく。

第2章 8

《問題》

① 53 × 11

② 11 × 92

③ 11 × 78

④ 11 × 64

⑤ 45 × 11

⑥ 89 × 11

メソッド豊富なインド式かけ算　第2章 9

100に近い数どうしのかけ算①
── 100より小さい数の場合

《例題》

98 × 94 = ?

●**基準の数と補数を頭に浮かべましょう。**

　このクセを覚えたら、もうとりこになってしまうでしょう。例題もいともかんたんに解くことができます。

　「どうして!?」と理由を追求する前に、まず計算手順をしっかり覚えてしまいましょう。

　けっして複雑ではなく、「かけて」「たして」「並べる」という数ステップで答えが出てしまいます。

第2章 9

《考え方》

98×94（100より小さい数の場合）

【ステップ1】 **かけられる数とかける数を縦に並べる。**

```
98  +2   ← 100を基準にした
94  +6      ときの補数
```

【ステップ2】 **それぞれの補数をかける。**

```
 98  +2
 94  +6
─────────
     12  ← (+2)×(+6)
```

【ステップ3】 **かける数からかけられる数の補数をひく。**

```
98  +2
94  +6
─────────
 92  12  ← 並べて答えになる。
```

94−2

9212

《解説》

【ステップ1】　補数を求める

2つの数を縦に並べて、その右横にそれぞれの補数を少しあいだを空けて並べます。このときの補数は100を基準の数にしています。

【ステップ2】　補数どうしをかける

2つの補数をかけます。ここでは、2×6で、「12」となります。

【ステップ3】　かける数から相手の補数をひく

かける数「94」から相手の補数「2」をひきます。94－2で、「92」になります。ここで求めた数「92」を左に、【ステップ2】で求めた数「12」を右に並べると、答えになります。

◎ポイント◎

（補数）＝（基準になる数）－（与えられた数）

基準の数は通常、最上位以外のけたがすべて0の数を用いる。

第2章 9

《問題》

① 92 × 98

② 93 × 96

③ 87 × 93

④ 95 × 89

100に近い数どうしのかけ算②
—— 100より大きい数の場合

《例 題》

101 × 103 = ?

●基準の数に気をつけて計算します。

考え方と手順は，前回の 9 「100より小さい数の場合」とまったく同じです。「同じことを説明するなんて無駄だ！」という声も聞こえそうですが，そこがインド式計算です。すべての法則が細切れになっています。したがって，100より小さいほうで100に近いのか，大きいほうで近いのか，両方を確かめておく必要があります。

これが両方に通用するなら，ひとつの方法として覚えておけばいいことになります。

《考え方》

101×103（100より大きい数の場合）

【ステップ１】　**かけられる数とかける数を縦に並べる。**

```
 101   －1  ← 100を基準にした
 103   －3    ときの補数
─────
```

【ステップ２】　**それぞれの補数をかける。**

```
 101   －1
 103   －3
─────
        03  ←（－1）×（－3）
            10の位がない
            ので0を入れる。
```

【ステップ３】　**かける数からかけられる数の補数をひく。**

```
 101   －1
 103   －3
─────
 104   03   ← 並べて答え。
```

103－（－1）

10403

《解説》

前回の 9 と同じ手順で計算を進めます。

【ステップ1】 補数を求める

2つの数を縦に並べ，右側に100を基準の数にした，それぞれの補数を並べます。

ここまではいっしょ。

さて，補数の符号を見てください。「−」です。どの数を基準にするかによって符号は変わりますが，ここでは，前回と同じで100を基準の数にしているので，「＋」「−」と違いが出たわけです。

【ステップ2，3】 10の位がないとき，0を入れる

あとは前回の 9 と同じ手順を進めます。

【ステップ2】でのかけ算で，10の位がない場合は，0を入れます。

【ステップ3】で数を並べるときに間違えないように，0を書いておくといいでしょう。

すんなり「10403」と求めることができました。

前回の 9 と同じ方法で計算することができました。

第2章 10

《問題》

① 104 × 101

② 102 × 108

③ 109 × 106

④ 107 × 103

100に近い数どうしのかけ算③
── 100より小さい数と大きい数の場合

《例題》

$$97 \times 104 = ?$$

●**符号の違う2つの補数──補数計算の考え方をしっかり身につけます。**

100に近い数のかけ算を，100より小さい場合と100より大きい場合に分けて見てきました。

さて，それでは，100より大きい数と小さい数のかけ算ではどうなるでしょうか。

おそらく，これまで見てきた計算方法が通用するだろうということは予想できますが，思いがけない新たな状況が現れることも考えられます。

補数を並べた状況をイメージすると，ちょっと手ごわそうな感じもしてくるかも……。

第2章 11

《考え方》

97×104 （100より小さい数と100より大きい数をかける場合）

【ステップ１】 かけられる数とかける数を縦に並べる。

```
 97   +3
104   -4
```
← 100を基準にしたときの補数

【ステップ２】 それぞれの補数をかける。

```
 97   +3
104   -4
─────────
      12(-)
```
← (+3)×(-4) 結果がマイナスになるので，後ろに(-)をつけておく。

【ステップ３】 かける数からかけられる数の補数をひく。

```
 97   +3
104   -4
```

104－3

| 101 | 12(-) |

補数を使うときは，くり下がりに注意。

12(-)は100を基準にしたときの補数「88」を使う。

| 100 | 88 | ←答え

10088

76

《解説》

【ステップ1】 補数の符号が違う

基準の数 100 をはさんだ 2 つの数なので当たり前なのですが，2 つの補数は**符号**が「**+**」と「**−**」で違っています。このことが，【ステップ2】以降の手順を増やしています。

【ステップ2】 補数のかけ算の結果が "負（マイナス）"

補数のかけ算の結果が「− 12」となり，"負（マイナス）"になっています。マイナス符号がついたままでは，【ステップ3】で求めた数を並べることができません。

【ステップ3】 くり下がりで，"負"を解消する

「− 12」を解消するのは，「**補数**」です。つまり，100 を基準にして考えると，12 の補数は「88」。【ステップ3】で求めた左側に入る数「101」の 1 けた目，この「1」は答えの 100 の位に入る予定ですが，この 100 を使って「− 12」を解消するわけです。**くり下がり**です。100 から 12 をひいて，答えの右側には「88」が入ります。

第2章 11

《問題》

① 91 × 107

② 102 × 87

③ 89 × 104

④ 106 × 96

メソッド豊富なインド式かけ算　第2章 12

インド式たすきがけ計算①
――2けたのかけ算

《例題》

$$83 \times 65 = ?$$

●たすきがけ計算の基本――混乱しやすいくり上がりがシンプルになります。

"たすき"って知っていますか。時代劇，とくに仇討シーンなどを見たことのある人はピンときたはずです。「たすき」とは，和服を着て何か仕事をするときに，袖をからげるときに用いるひものことです。使うときは，背中でひもが交差し，"×"と書くようにクロスします。

インド式のたすきがけ計算では計算手順にちょうど，この"×"に似たところが現れます。そこで**"たすきがけ計算"と呼称されて**います。

《考え方》

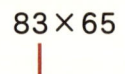

83×65

【ステップ1】 **それぞれの位をかける。**

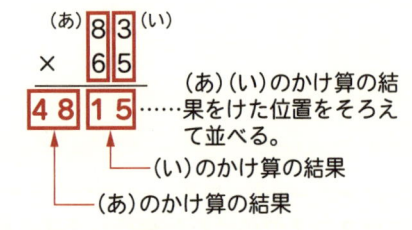

```
      (あ) 8 3 (い)
    ×     6 5
      ┌──┬──┐
      │48│15│
      └──┴──┘
```
→ (あ)(い)のかけ算の結果をけた位置をそろえて並べる。

↑ (い)のかけ算の結果
↑ (あ)のかけ算の結果

【ステップ2】 **それぞれ10の位と1の位をかける。**

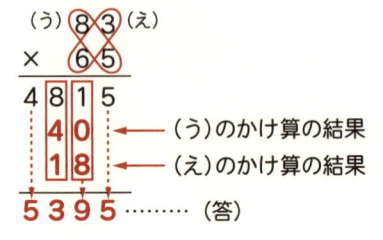

```
     (う) 8×3 (え)
    ×    6×5
      4 8 1 5
        4 0     ← (う)のかけ算の結果
        1 8     ← (え)のかけ算の結果
      ─────
      5 3 9 5  ……（答）
```

5395

《解 説》

　左ページの図を見ると，たすきがちょうど背中でクロスするときと同じ状態が手順にあるのがわかります。では，順を追って説明しましょう。

【ステップ１】　2つの数の同じけたをかける

　同じ位の数を上位から計算します。ここでは10の位からで，「8 × 6」「3 × 5」と進めます。このとき，計算の結果の入るけた位置に注意してください。8 × 6は本当は80 × 60で，4800となり，8の右側には2つ下位のけたが存在します。結果を書くときは，そのけた分を空けて左に書きます。3 × 5は1の位の計算ですから，1けた目と2けた目に入ります。「4815」と並びます。

【ステップ２】　けたをずらした計算がたすきがけに

　つぎは10の位と1の位をかけます。「8 × 5」「3 × 6」です。このときの組み合わせの状態が"たすきがけ"に似ていますね。やはり，求めた数を書くときのけた位置をそろえることを忘れないでください。

第2章 12

《問 題》

① 43 × 78

② 37 × 29

③ 52 × 63

④ 81 × 96

第2章 13

インド式たすきがけ計算②
── 3けたのかけ算

《例 題》

324 × 452 = ?

●**けた数が多くなるとどうなる⁉──どんなたすきがけになるか考えてみましょう。**

 2けたのたすきがけ計算では、正しい答えが導かれました。それでは、けた数を増やしたらどうなるでしょうか。

 2けたくらいのかけ算なら、くり上がりも少なく、日本式の筆算でもそれほどたいへんではありません。しかし、けた数が増えると、そういうわけにいきません。そこでまずは3けたどうしのかけ算をたすきがけ計算で求めてみましょう。

第2章 13

《考え方》

324×452

【ステップ1】 それぞれの位をかける。

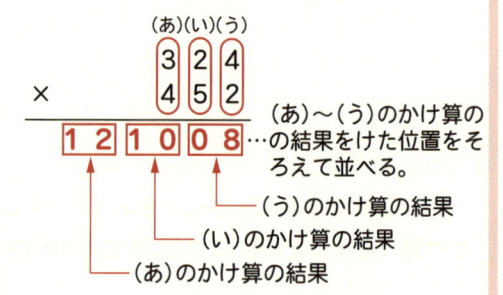

```
         (あ)(い)(う)
          3  2  4
     ×    4  5  2
     ─────────────
     1 2 1 0 0 8
```
…(あ)～(う)のかけ算の結果をけた位置をそろえて並べる。

- (う)のかけ算の結果
- (い)のかけ算の結果
- (あ)のかけ算の結果

【ステップ2】 100の位と10の位，10の位と1の位をかける。

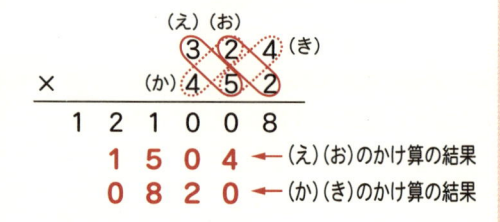

```
          (え)(お)
           3  2  4 (き)
     ×  (か)4  5  2
     ─────────────
        1 2 1 0 0 8
            1 5 0 4   ← (え)(お)のかけ算の結果
            0 8 2 0   ← (か)(き)のかけ算の結果
```

《解説》

【ステップ1】　同じ位の数のかけ算をする

　2けたのときと同様にお互いの同じ位の数をかけて，求めた数を下にけた数をそろえて書き並べます。10の位の数の計算結果を書くときは，下に2けた空けました。

　では，100の位の数どうしのかけ算ではいくつ空ければいいでしょうか。100 × 100 で，そうです，4けた空けます。

　数字は左から順に並べていきます。1の位の数のかけ算では1けたの数「8」が出ます。10の位には「0」を入れます。

【ステップ2】　二重のたすきがけをする

　左ページの図を見てください。たすきがけが二重になっています。かけられる数とかける数のけた数が増えると，たすきがけの手順も増えるということです。図でいうと，（え）と（お），（か）と（き）の2つの組み合わせで数を並べて，それぞれはけた数をそろえて縦に並べます。

　よく見ると，まだたすきをかけられそうです。それは，【ステップ3】でします。

《考え方》 つづき

【ステップ３】 **100の位と１の位をかける。**

```
         (く)   (け)
         3 2 4
    ×    4 5 2
    ─────────────
    1 2 1 0 0 8
      1 5 0 4
      0 8 2 0
        0 6  ←(く)のかけ算の結果
        1 6  ←(け)のかけ算の結果
    ─────────────
    1 4 6 4 4 8 ……(答)
```

146448

《解 説》 つづき

【ステップ3】 まだある，たすきがけ

　2けたのたすきがけ計算では，【ステップ2】で完了したたすきがけも，3けたの場合はまだあります。

　隣のけたのかけ算だけでなく，あいだに1つけたをはさんだたすきがけ計算があるのです。

　左ページの図では，(く)と(け)の2つです。

　これも計算して，下に結果を書き並べます。

　右側にいくつけたを空ければいいか，よく考えてください。

　たすきがけ計算で求めた数をたし合わせます。「146448」となります。

◎ポイント◎

① かけられる数とかける数のけた数が増えると，たすきがけの回数が増える。
② けたを飛び越えたたすきがけを見落とさないようにする。

《問題》

① 316 × 419

② 623 × 125

③ 126 × 598

④ 734 × 968

メソッド豊富なインド式かけ算　第2章 14

インド式たすきがけ計算③
── 4けたのかけ算

《例 題》

3728×1465＝？

●**たすきがけは大きな数のかけ算もできます。**

2けたと3けたのかけ算で，インド式たすきがけ計算の方法を見てきました。はたして，この方法は4けた以上のかけ算でも使えるのでしょうか。

「使えると思うけどなあ」という声は聞こえそうですが，どうでしょうか。

インド式計算では，計算の汎用性はあまりありません。たすきがけの計算手法も3けた目までかもしれません。

では，ちょっと3けたの方法と同じように計算してみましょう。

第2章 14

《考え方》

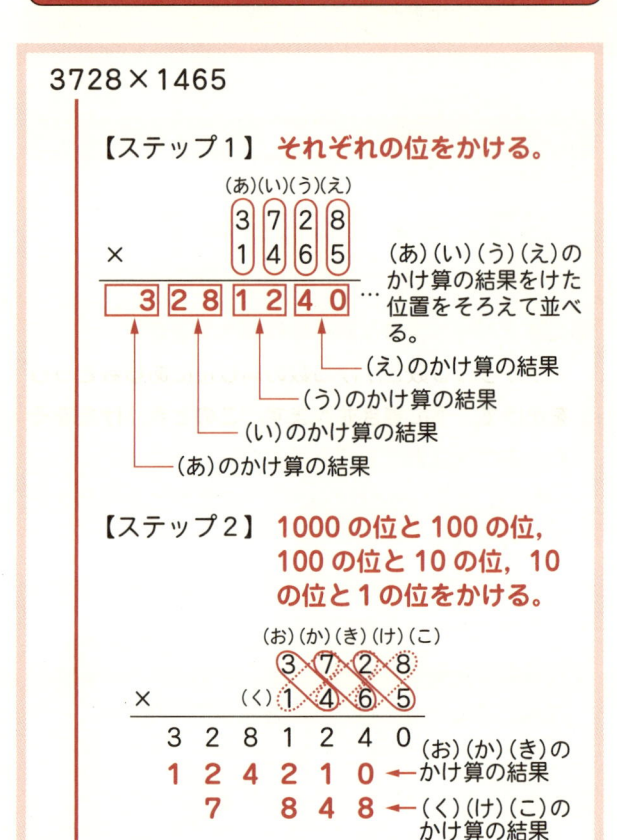

3728×1465

【ステップ1】 それぞれの位をかける。

```
       (あ)(い)(う)(え)
         3 7 2 8
    ×    1 4 6 5
    ─────────────
      3 2 8 1 2 4 0  …
```

(あ)(い)(う)(え)のかけ算の結果をけた位置をそろえて並べる。

- (え)のかけ算の結果
- (う)のかけ算の結果
- (い)のかけ算の結果
- (あ)のかけ算の結果

【ステップ2】 1000の位と100の位, 100の位と10の位, 10の位と1の位をかける。

```
       (お)(か)(き)(け)(こ)
           3 7 2 8
    ×  (く) 1 4 6 5
    ─────────────────
       3 2 8 1 2 4 0
       1 2 4 2 1 0      ← (お)(か)(き)のかけ算の結果
             7 8 4 8    ← (く)(け)(こ)のかけ算の結果
```

《解 説》

ここでは，インド式たすきがけ計算のステップを順を追って見ていきましょう。

ポイントは，左から計算をするところと，それぞれの計算で算出された数のけた合わせです。

すでに見てきた2けた，3けたのたすきがけ計算手順が，4けたにも通用するかを見ていきます。

【ステップ1】 同じ位にある数をかける

かけられる数とかける数の同じ位にある数どうしをかけて，下に書き並べます。このとき，けたをそろえることが大事です。

たとえば，1000の位どうしの数をかける場合(計算は3×1ですが)，求められた数の位がどうなるかに気を配ってください。つまり，3×1は，ほんとうは3000×1000の意味です。したがって，この計算で求められる数は「3000000」となり，3の右側には6けたあることに注意してください。

ほかのけたも同様です。ただし，各けたとも1けたの計算で行いますから，計算そのもので求められる数は2けたです(□で囲ってある範囲に入る)。

《考え方》 つづき

【ステップ3】 **1000の位と10の位, 100の位と1の位をかける。**

```
           (さ)(し) (す)(せ)
            3  7  2  8
    ×       1  4  6  5
   ─────────────────────
      3  2  8  1  2  4  0
      1  2  4  2  1  0
            7     8  4  8
            1  8  3  5  ← (さ)(し)のかけ算の結果
               2  3  2  ← (す)(せ)のかけ算の結果
```

【ステップ4】 **1000の位と1の位をかける。**

```
           (そ)        (た)
            3  7  2  8
    ×       1  4  6  5
   ─────────────────────
      3  2  8  1  2  4  0
      1  2  4  2  1  0
            7     8  4  8
            1  8  3  5
               2  3  2
               1  5  ← (そ)のかけ算の結果
                  8  ← (た)のかけ算の結果
   ─────────────────────
      5  4  6  1  5  2  0  …………… (答)
```

5461520

《解説》 つづき

【ステップ2】 位をずらしてかけ算をする

　【ステップ2】では、かける数のけたを1つずらします。たとえば、かけられる数の1000の位の数はかける数の100の位の数とかけます。同様に、100の位の数は10の位の数、10の位の数は1の位の数とかけます。かける数のほうからみた場合も同じです。したがって、【ステップ2】では、6回のかんたんなかけ算を行います。求めた数は【ステップ1】で求めた数の下にけたをそろえて書きます。

【ステップ3，4】 さらにけたをずらしてかけ算を行う

　【ステップ2】の6通りの組み合わせのかけ算が終わったら、さらにけたを1つずらしてかけ算を行います。【ステップ3】でのかけ算は、4通りです。求めた数は、【ステップ2】で求めた数の下にけたをそろえて書きます。すべてのたすきがけのかけ算が終わったら、それぞれのけたに並んだ数をたします。「5461520」となります。

　これで、3けたまでのたすきがけのかけ算は4けたのかけ算でも通用することがわかりました。

第2章 14

《問題》

① 4136 × 2318

② 8412 × 6143

メソッド豊富なインド式かけ算　第2章 15

インド式たすきがけ計算④
——けたがふぞろいな数(1)

《例 題》

514×46＝？

●(3けたの数)×(2けたの数)のたすきがけ計算——
あなたには，0が見えますか!?

　これまでは，かけられる数とかける数の，けた数のそろった数のかけ算で，たすきがけ計算をしてきました。しかし，日常扱う計算はそのようなものだけではありません。けた数の異なる計算のほうが多いでしょう。

　そこで，ここでは，かけられる数とかける数で，けた数の異なる数のかけ算，まず，(3けたの数)×(2けたの数)で，インド式たすきがけ計算をしてみることにします。

第2章 15

《考え方》

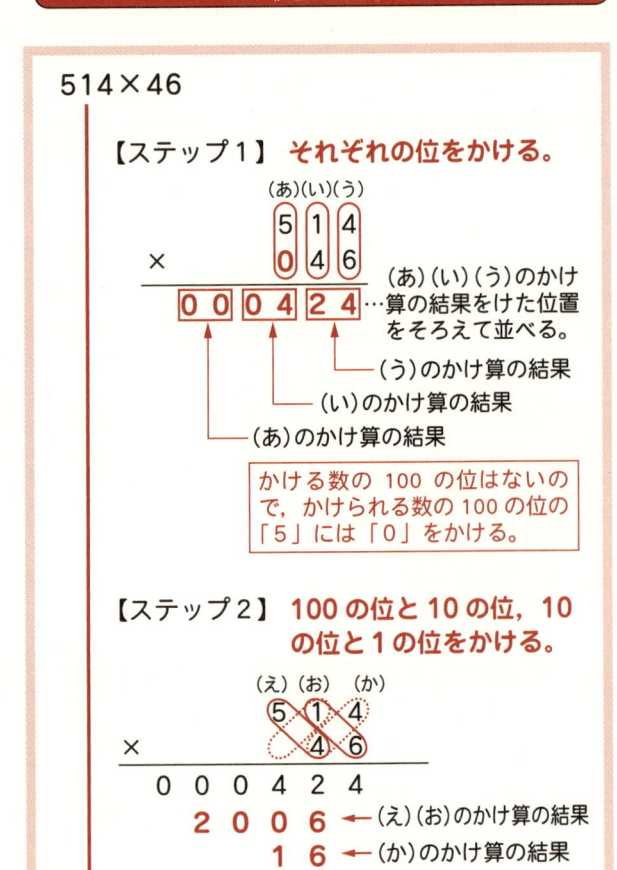

514×46

【ステップ1】 それぞれの位をかける。

```
         (あ)(い)(う)
           5  1  4
    ×      0  4  6
    ─────────────
      0 0 0 4 2 4
```

(あ)(い)(う)のかけ算の結果をけた位置をそろえて並べる。

- (う)のかけ算の結果
- (い)のかけ算の結果
- (あ)のかけ算の結果

> かける数の 100 の位はないので，かけられる数の 100 の位の「5」には「0」をかける。

【ステップ2】 100 の位と 10 の位，10 の位と 1 の位をかける。

```
         (え)(お) (か)
           5  1  4
    ×         4  6
    ─────────────
      0 0 0 4 2 4
          2 0 0 6    ← (え)(お)のかけ算の結果
            1 6      ← (か)のかけ算の結果
```

《解説》

ここでもステップ順に説明していきます。

【ステップ1】　それぞれの位の数をかける

　かける数の「46」は100の位の数がありません。そこで，100の位には「0」を入れて，3けたの数と考えます。そうすれば，3けたどうしの数の計算と同じです。

　ここでは，514 × 046 として計算します。ただし，0のかけ算の結果は0なので，慣れてきたら，0のかけ算の結果は書かなくてもいいでしょう。ただし，0はけたぞろえの間違いも防いでくれます。最初はきちんと書いたほうがいいでしょう。

　左ページの図では，0も書いて，求めた数を並べて書いています。

【ステップ2】　位をずらしてたすきがけに

　同じけた数どうしのかけ算が終わったら，位を1つずつずらしてかけ算をします。

　求めた数は【ステップ1】で求めた数と位をそろえて並べてください。左ページの図では，先頭の0のかけ算は結果を書いていません。

《考え方》 つづき

【ステップ３】 100の位と１の位をかける。

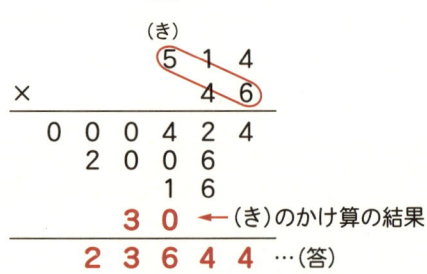

```
         (き)
         ⑤ 1 4
    ×      4 ⑥
    ─────────────
    0 0 0 4 2 4
      2 0 0 6 6
            1 6
        3 0   ← (き)のかけ算の結果
    ─────────────
      2 3 6 4 4  …(答)
```

23644

《解説》 つづき

【ステップ3】"かただすきのかけ算"

　けた数の異なる数のかけ算の場合，けた数をずらしながらたすきがけ計算をしてくると，最後は片側のたすきがけだけで計算がクロスして現れなかったり，計算の数が異なったりするようになります。

　均等にたすきがかかる場合は間違うことは少ないですが，数が異なると見落としやすくなります。

　計算を見落とさないように，たすきの組み合わせをきちんと行って計算してください。

　たすきがけ計算が終わったら，縦に並んだそれぞれのけたの数をたします。

　答えは「23644」となります。

　けた数の異なるかけ算でも，けた数の不足を0で補うことでけた数をそろえれば，これまでのたすきがけの方法で答えを求めることができます。

《問 題》

① 347 × 39

② 752 × 68

インド式たすきがけ計算⑤
——けたがふぞろいな数(2)

《例題》

26278×365＝？

● (5けたの数)×(3けたの数)のたすきがけ計算

もう少しけた数を増やして，けた数の異なる数のかけ算でたすきがけ計算をしてみましょう。

インド式に限らず，計算方法を身につけるためには，いろいろなパターンで実際に計算してみることが大切です。

ここでは，(5けたの数)×(3けたの数)で，たすきがけ計算をしてみます。

どんなところに注意をすればいいかを考えながら見ていきましょう。

《考え方》

26278×365

【ステップ１】 **それぞれの位をかける。**

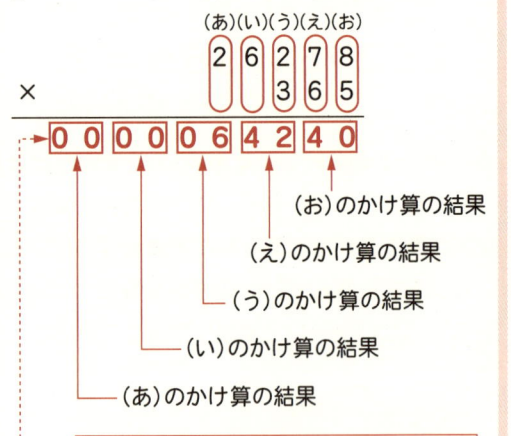

```
          (あ)(い)(う)(え)(お)
            2  6  2  7  8
    ×             3  6  5
    ─────────────────────
    0  0  0  0  6  4  2  4  0
```

└─ (お)のかけ算の結果
└─ (え)のかけ算の結果
└─ (う)のかけ算の結果
└─ (い)のかけ算の結果
└─ (あ)のかけ算の結果

> かける数の 10000 の位と 1000 の位は
> ないので、それぞれ「0」があるとイメー
> ジして、かけられる数の 10000 の位の
> 「2」と 1000 の位の「6」には「0」
> をかける。

(あ)(い)(う)(え)(お)のかけ
算の結果をけた位置をそろえ
て並べる。

《解 説》

ここでは,けた数の多い数,なおかつかけられる数とかける数でけた数が異なる数のかけ算をたすきがけ計算で行います。

【ステップ1】 同じ位の数どうしのかけ算

これまでと同様に,同じ位にある数どうしをかけます。けた数が大きく異なる場合,けた数をそろえるための0がそれだけ多く先頭部に入ることに気をとめてください。

0の入る位置をきちんと把握していないと,けた位置を間違える原因になります。

また,けた数が多いと並べる数も当然多くなります。並べる数の見落としにつながることもあります。確実に数を並べてください。

ここでは,先頭の0も含むと,「0000064240」となります。

◎ポイント◎

0を書くことで,けた位置をそろえるときの間違いを防ぐことができる。

《考え方》 つづき

【ステップ2】 1000の位と100の位, 100の位と10の位, 10の位と1の位をかける。

```
         (か)(き)(く)(け)(こ)
            2 6 2 7 8
       ×      3 6 5
    ─────────────────
       0 0 0 0 0 6 4 2 4 0
             1 8 1 2 3 5   ← (か)(き)(く)のかけ算の結果
               2 1 4 8     ← (け)(こ)のかけ算の結果
```

【ステップ3】 10000の位と100の位, 1000の位と10の位, 100の位と1の位をかける。

```
         (さ)(し)(す)   (せ)
            2 6 2 7 8
       ×      3 6 5
    ─────────────────
       0 0 0 0 0 6 4 2 4 0
             1 8 1 2 3 5
               2 1 4 8
           6 3 6 1 0       ← (さ)(し)(す)のかけ算の結果
                 2 4       ← (せ)のかけ算の結果
```

《解 説》 つづき

【ステップ2】 位をずらしてたすきがけに

考え方と計算の手順は，これまでのたすきがけの計算と同じです。ただし，かけられる数とかける数のけた数が2つ以上異なると，位をずらしたとき，かける相手を間違えやすくなります。

ふつうは筆算などは手書きで行いますが，けた位置がはっきりわかるように書いていないと，間違いのもとになります。

間違いが増えると，かんたんな計算も難しく感じられめんどくさくなります。正しいけた位置に気を配ってください。

【ステップ3】 さらに位をずらして計算する

この例では，かけられる数は5けたです。それぞれのステップでの横に並ぶ数も多く，また今後縦に並ぶ数も多くなります。

くり返しになりますが，けた位置には十分気をつけてください。とくにそれぞれの計算は1けたかけ算で最大2けたですが，1けたのときも当然あります。こんなとき，2けた目に「0」を入れておくことを忘れないでください。

《考え方》 つづき

【ステップ4】 10000の位と10の位, 1000の位と1の位をかける。

```
         (そ)(た)
          2 6 2 7 8
×             3 6 5
─────────────────────
  0 0 0 0 0 6 4 2 4 0
          1 8 1 2 3 5
              2 1 4 8
          6 3 6 1 0
                2 4
          1 2 3 0  ←(そ)(た)のかけ算の結果
```

【ステップ5】 10000の位と1の位をかける。

```
         (ち)
          2 6 2 7 8
×             3 6 5
─────────────────────
  0 0 0 0 0 6 4 2 4 0
          1 8 1 2 3 5
              2 1 4 8
          6 3 6 1 0
                2 4
          1 2 3 0
              1 0  ←(ち)のかけ算の結果
          9 5 9 1 4 7 0 ………(答)
```

9591470

《解説》 つづき

【ステップ4,5】さらに,さらに位をずらして計算。

次第に遠く離れた位どうしをかけることになります。この例では最後に 10000 の位の数と 1 の位の数をかけます。近くにある数どうしを計算しているときは起きなかった計算ミスが,起きやすくなってきます。

「どれとどれを計算しているのか」「たすきのかけ忘れはないか」など,十分気をつけてください。

また,【ステップ5】の数の並びを見てもわかるように,けたの多い数の計算では,けた位置ぞろえがポイントです。

計算忘れやけた位置の間違いを防ぐには,これまでの例のように,計算を順番に行うことが大切です。

かけ算のたすきがけ計算は,いろいろなパターンで利用できることが理解できたと思います。

◎ポイント◎

けた数の多い計算では,個々の計算と,けた位置のミスに気をつけよう。

第2章 16

《問題》

① 48731 × 254

② 81643 × 472

メソッド豊富なインド式かけ算　第2章 17

1けた目が「5」なら2乗もかんたん①
——2けたの2乗計算

《例題》

$45^2 = ?$

●2けた目の「4」と1けた目の「5」に別々に注目します。

　インド式計算では，暗算で解けます。

　当たり前ですが，2乗の計算では，かける数もかけられる数も同じ数です（ここでは「45」）。

　インド式計算では，ここに潜む決まりに注目し，2乗する数の2けた目の数「4」と1けた目の数「5」を別々に計算したあとに合わせると，あら不思議，答えが出ます。

《考え方》

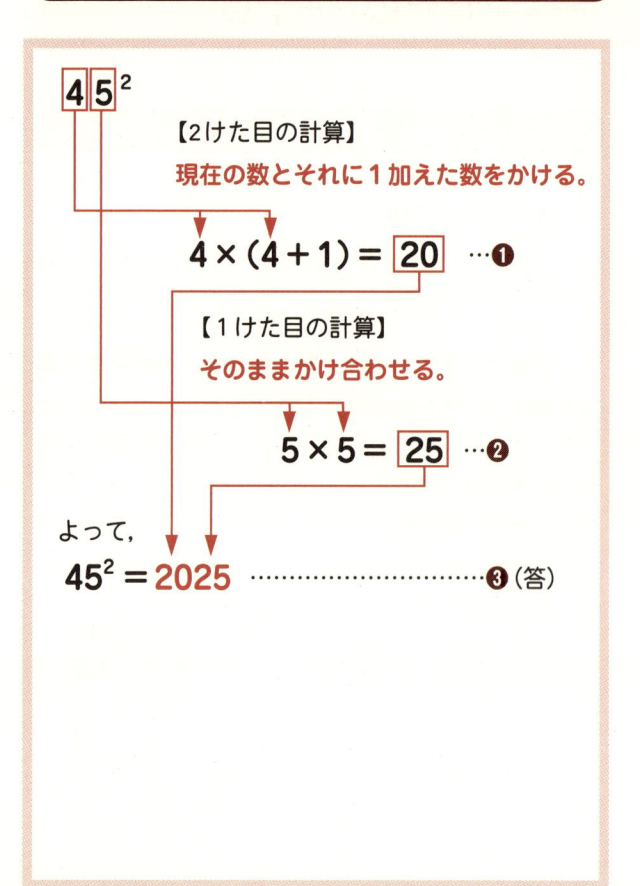

$4\,5^2$

【2けた目の計算】

現在の数とそれに1加えた数をかける。

$4 \times (4 + 1) = \boxed{20}$ …❶

【1けた目の計算】

そのままかけ合わせる。

$5 \times 5 = \boxed{25}$ …❷

よって，
$45^2 = 2025$ …………………❸（答）

第2章 17

《解説》

❶ 答えの3けた目と4けた目になる数を求める

2けた目の計算では、現在の数とそれに1を加えた数をかけて、答えの3けた目と4けた目にします。

ここでは、4と5（＝4＋1）をかけ、「20」となります。答えは「20○○」となります。

答えの1けた目と2けた目の○に入る数は、次の計算で求めます。

❷ 答えの1けた目と2けた目になる数を求める

2乗される数の1けた目の数5は、そのまま2乗します。1けたの数の2乗ですから、計算結果はすぐわかりますね。5×5で「25」です。この数が❶で示した○○に入ります。

❸ ❶と❷で求めた数を並べる

これで、45^2の答えが出ました。

「2025」となります。

◎ポイント◎

2乗する数の2けた目と1けた目を別々に注目して、1けたのかけ算として計算したあと組み合わせると、答えになる。

第2章 17

《問題》

① 35^2 ② 55^2

③ 65^2 ④ 85^2

⑤ 75^2 ⑥ 95^2

1けた目が「5」なら2乗もかんたん②
——3けたの2乗計算

《例題》

$165^2 = ?$

● 3けたの2乗の計算は補助ルールが必要です。

1けた目が「5」の数の2乗のかんたん計算のルールが，2けたの数にしか使えないなら，あまりにも狭い範囲の適用のような気がします。

実際は，この例に紹介するように，3けたの数にも使えるのですが，そのまますんなりとはいきません。3けたでは，別の補助ルールも必要になってきます。

《考え方》

165^2

【考え方】「16」と「5」に分けて計算する。

【ステップ1】「16×17」を計算する。
（36ページ参照）

```
    1 6
  ×  1 7
    2 3
  + 4 2
    2 7 2   ……………❶
```

【ステップ2】「5」の2乗を計算する。
$5 \times 5 = 25$ ……………❷

【ステップ3】 ❶と❷を並べる。
27225 ……………（答）

27225

《解説》

2乗する数を分けて考えるのは，2けたの数のときと同じです。3けたの2乗では2，3けた目と1けた目というふうに分けます。

1けた目は「5」ですから，2けたのときと同じということはわかります。

では，2，3けた目のほうは……。

【ステップ1】 16 × 17 を計算する

こちらも，考え方は2けたのときと同じです。ただし，かける数が2けたという違いがあります。でも，どこかで見た覚えはありませんか。そうです，36ページで，すでに説明したルールで計算することができます。「272」(❶)になります。

【ステップ2】 1けた目を計算する

5 × 5 で，「25」(❷)となります。

【ステップ3】 ❶と❷の数を並べる

このあとは，2けたの2乗のときと同じです。
❶は左，❷は右に並べます。「27225」となります。

第2章 18

《問題》

① 435^2

② 675^2

③ 325^2

④ 945^2

⑤ 715^2

⑥ 285^2

メソッド豊富なインド式かけ算　第2章 19

直線の交点を利用した計算①
──2けたのかけ算

《例題》

23 × 15 = ?

●縦・横に線を引くだけで答えが出ます!?

「こんな計算法もあったのか」と驚くこと，請け合いです。やり方はいたってかんたん。

ある決まりにしたがって，かけられる数とかける数を線に表し，重なりあうように引くと交点ができ，その数を数えるだけで答えが出る──なんとも驚きの計算法です。

ただ，線の引き方には気をつけないと，正しい答えが出ませんよ。

《考え方》

23×15

【ステップ１】 **線を引く。**

かけられる数

3

2

かける数

1

5

【ステップ２】 **交点に黒丸を描く。**

《解 説》

向きとか長さとかに決まりはありませんが，きれいに描かないと，計算結果の読み取りが難しくなりますよ。それでは，説明します。

【ステップ1】　線を引く

まず，かけられる数「23」を線に表します。左ページでは，左上から右下に斜めに線を描いています。

10の位の「2」を表す線をまず引き，少しあいだを空けて，1の位の「3」を表す線を平行に引きます。

かける数は，かけられる数の線に交差するように描きます。

右上から10の位の数「1」を表す1本を描き，少し離して5本描きます。

【ステップ2】　交点に黒丸をつける

実際には，規則にしたがって数えていけば，答えは出るのですが，ここでは，数える範囲と交点の位置をはっきりさせるために，交点に黒丸を付けます。

計算法に慣れないうちは，間違いをおかさないように，この手順で進めたほうがいいでしょう。

第2章 19

《考え方》 つづき

【ステップ3】 それぞれの範囲の黒丸(交点)を数える。

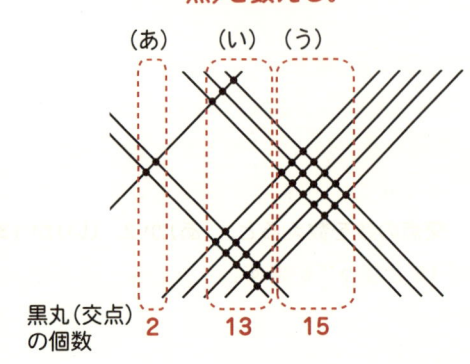

(あ) (い) (う)

黒丸(交点)の個数
2　　13　　15

【ステップ4】 それぞれの黒丸(交点)をけたをそろえてたす。

```
  (あ)(い)(う)
    2
    1 3    ← 2けたになったら、10の位は左隣に重ねる。
+   1 5    ←
─────────
    3 4 5  …… (答)
```

345

《解説》 つづき

【ステップ3】　交点の意味

交点の位置には意味があります。

左ページの図に（あ）（い）（う）で示した範囲がそれです。（あ）は答えの100の位の数を表しています。同様に，（い）が10の位，（う）が1の位の数を表しています。

各範囲の交点の数が2けたになった場合は，くり上がりです。1つ上位の位に加えます。

交点の数を数えると，（あ）が2，（い）が13，（う）が15となっています。

【ステップ4】　交点の数をたし合わせる

数が出たら，**けたをそろえて**交点の数をたし合わせます。このときは，やはり，けた位置を間違えないように重ねることが大切です。答えは「345」になります。

◎ポイント◎

線を引くとき，各けたの範囲がくっきりと見分けがつくように描く。

第2章 19

《問 題》

① 43 × 51

② 32 × 63

メソッド豊富なインド式かけ算　第2章 20

直線の交点を利用した計算②
── 3けたのかけ算

《例 題》

213 × 31 = ?

●けた数が増えると，線の描き方も難しくなります。

　交差するように線を描くだけですが，けた範囲がわかるようにするには，やはり，慣れが必要でしょう。慣れてくれば，3けた以上の計算もうまく処理できます。

　ぜひ，けた数の多いかけ算にも挑戦してみてください。ただ，あまり実用的ではないかもしれませんが……。

　遊びと脳トレをかねた計算法ですね。

《考え方》

213×31

【ステップ1】 線を引く。

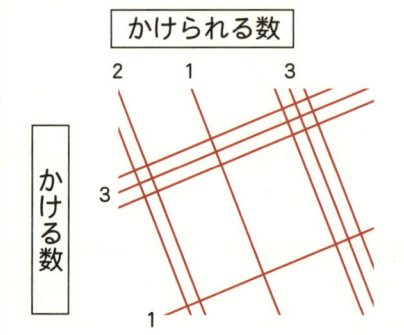

かけられる数
2　1　3

かける数
3

1

【ステップ2】 交点に黒丸を描く。

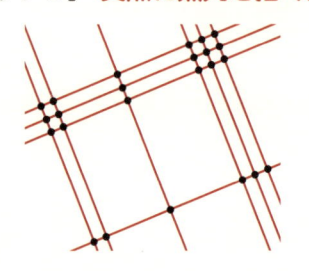

《解説》

【ステップ1】 線を引く

線の引き方は，基本的には2けたのかけ算のときと同じです。

ただ，3けたを表すには，それぞれのけたの数を表す線のあいだを少し空けます。

左ページの図のようになりますが，各けたの交点範囲をはっきりわかるようにする線の引き方が，2けたのときより少し難しくなりました。

【ステップ2】 交点に黒丸をつける

これも，2けたのときと同様です。わかりやすくするためです。

どうですか。左ページの下の図を見て，答えの各けた範囲が見えますか。

これで見えれば，交点を利用したかけ算も，習得に向けて一歩前進というところです。

◎ポイント◎

けた間を示す空きは，少し広めにとる。

第2章 20

《考え方》 つづき

【ステップ3】 それぞれの範囲の黒丸（交点）を数える。

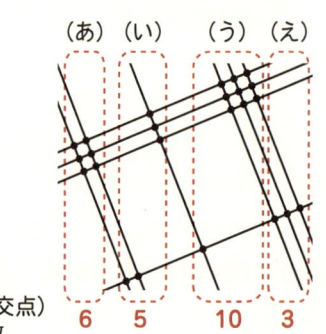

(あ) (い) (う) (え)

黒丸（交点）の個数 6　5　10　3

【ステップ4】 それぞれの黒丸（交点）をけたをそろえてたす。

```
 (あ)(い)(う)(え)
   6
     5
     1 0   ← 2けたになったら，10の位は左隣に重ねる。
 +     3
 ─────────
   6 6 0 3   ……（答）
```

6603

《解説》 つづき

【ステップ3】 けたごとに交点を分ける

　範囲を囲むとわかりやすくなりますが，交点だけでは，わかりにくいことがあります。

　とくに，上下に重なる中央部の範囲がわかりにくいと思います。

　しかし，各けたのあいだを十分に空けてあれば，混乱することも少ないはずです。

　今回は，**4つの範囲**に分かれます。

　それぞれの範囲を(あ)(い)(う)(え)で示すと，交点の数は，(あ)が6，(い)が5，(う)が10，(え)が3となります。

【ステップ4】 交点の数をたし合わせる

　数が増えると，単純ミスをおかしやすくなります。

　けた位置の重なりは十分に確認して計算を進めましょう。

　(う)が2けたの「10」ですから，10の位は「0」で，「1」くり上がります。

第2章 20

《問題》

① 104 × 25

② 331 × 42

メソッド豊富なインド式かけ算　　第2章 21

マス目計算でかけ算もかんたん①
── 2けたの計算

《例題》

53 × 27 = ?

● 計算を平易にする手法を覚えましょう──けた数の多いかけ算も，1けた九九とたし算にします。

　インド式計算の面白さは，数式に現れる個性的な意味の読み取りだけではありません。このマス目計算の方法もそうですが，図解に似たわかりやすさで，計算そのものを平易にしてしまうところにも面白さ，ユニークさがあります。

　インド式マス目計算を覚えれば電卓のないところでけた数の多いかけ算をしなければならないときでも，正確な答えを得ることができるでしょう。

第2章 21

《考え方》

53×27

【ステップ1】 マスを描き，かけられる数とかける数を配置する。

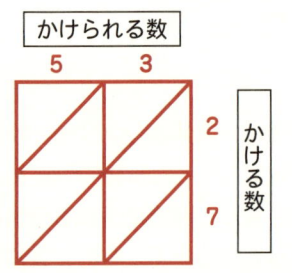

かけられる数 5 3
かける数 2 7

【ステップ2】 縦，横の数を計算し，交点にあるマス目に書く。

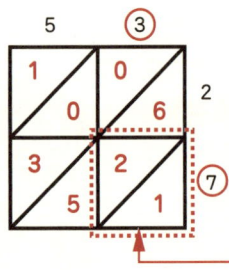

5 ③
1 0
 0 6 2
3 2
 5 1 ⑦

マスのなかに計算した結果が入る。ここには，「3×7」の結果が入る。各マスにはそれぞれ斜線の上側に10の位，下側に1の位の数が入る。

《解 説》

【ステップ1】　マス目を描く

　マス目は正方形を描き,なかに1本対角線を引きます。対角線の向きはいずれでもかまいませんが,あとで周囲に数字を書きますので,最初に書き入れる数字(かけられる数とかける数)と導いた答えが重ならないような向きがいいでしょう。

　正方形のなかには,マスの上に並ぶかけられる数と横に並ぶかける数のそれぞれのけたの1けたかけ算の結果が入ります。かけた結果の10の位は斜線の上に,1の位は下に入ります。

【ステップ2】　上と横の数字を1けたずつかけ算

　たとえば,かけられる数の1の位の数「3」とかける数の1の位の数「7」をかけた場合,3を下にたどり,7を左にたどったときに交差するマス目に結果を書き入れます。他の数字も同様です。

　マス目は対角線で2つの部分に分けられていますが,上に結果の10の位,下に1の位の数がそれぞれ入ります。

　3×7では,上に「2」,下に「1」が入ります。

第2章 21

《考え方》 つづき

【ステップ3】 マスのなかの数を斜めにたし，左斜め下に書く。

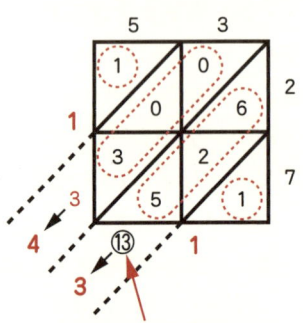

```
      5    3
    ┌──┬──┐
    │1/│0/│
    │/0│/6│ 2
1   ├──┼──┤
    │3/│2/│
    │/5│/1│ 7
    └──┴──┘
   3  ⑬  1
  4
   3
```

2けたになった場合は，1けた目を残し，時計回りに隣り合う数をくり上げる。

【ステップ4】 マスの外側の数字を反時計回りの順に並べる。

1431 ……… (答)

1431

《解 説》 つづき

【ステップ3】 マス目に入った数をたす

　たすのは，対角線で区切られた斜めに並んだ数です。たとえば，かける数の10の位の数「2」の左に「6」がありますが，左斜め下に「2」「5」とつづいています。この数をたすわけです。ほかの斜めに並んだ数も同様です。

　図で，左上と右下の角にある数は，そのまま左下のマスの外に書きます。

　たした結果が2けたになった場合は，結果を書いた欄に1の位の数を残し，時計回りに隣の欄に入っている数をくり上げます。

【ステップ4】 答えを読み取る

　マスの外側に並んだ数を反時計回りに読むと，それが答えになります。この例では，「1431」となっています。

◎ポイント◎

　たした結果が2けたのときのくり上がりを忘れないようにしよう。

第2章 21

《問 題》

① 45 × 73

② 52 × 38

③ 97 × 24

④ 86 × 67

メソッド豊富なインド式かけ算　第2章 22

マス目計算でかけ算もかんたん②
── 3けたの計算

《例題》

624 × 317 = ?

●けた数が増えれば，マスの数も増えます。

　原理は2けたと同じです。けた数が増えるということは，マスの数も増えるというだけの違いです。しかし，ここに落とし穴が潜んでいることもあります。マスがきちんと並んでいないと，間違って隣の数をたしてしまうことが起こります。

　あまり，間違いをくり返すと，楽しいインド式計算の面白さへの興味も半減してしまいます。かけられる数やかける数のけた数が多くなるにしたがいマス目はきちんと描くようにしましょう。

第2章 22

《考え方》

624×317

【ステップ１】 **マスを描き，かけられる数とかける数を配置する。**

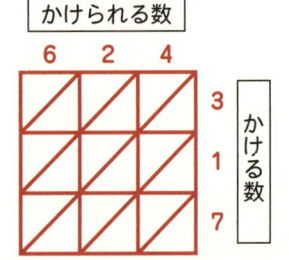

かけられる数：6 2 4
かける数：3 1 7

【ステップ２】 **縦，横の数を計算し，交点にあるマス目に書く。**

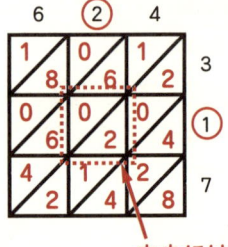

```
    6   ②   4
  ┌───┬───┬───┐
  │1／│0／│1／│
  │／8│／6│／2│ 3
  ├───┼───┼───┤
  │0／│0／│0／│
  │／6│／2│／4│ ①
  ├───┼───┼───┤
  │4／│1／│2／│
  │／2│／4│／8│ 7
  └───┴───┴───┘
```

中央には，○で示した2×1の結果が入る。

《解 説》

【ステップ1】 マス目を描く

2けたのときと同じです。マス目をかけられる数とかける数のけた数と同じだけ，縦，横に並べて描きます。

対角線がポイントです。対角線がマスの別の角に伸びていると，たし合わせる数が違ってきます。きちんと描きましょう。

【ステップ2】 1けたかけ算の結果をマス目に書く

結果をマス目に書くときの決まり——対角線の上に結果の10の位の数，下に1の位の数が入ることをしっかり覚えてください。

どの数とどの数をかけるかは，左ページの図中に示した例にしたがってください。

◎ポイント◎

けた数が増えたら，マスも対角線も正確に描くくせを身につける。

第2章 22

《考え方》 つづき

【ステップ3】 マスの中の数を斜めにたし，左斜め下に書く。

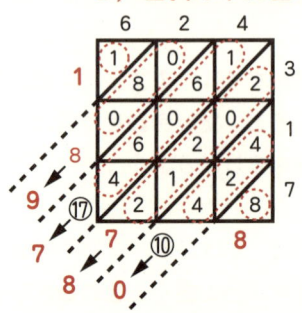

```
      6   2   4
    ┌───┬───┬───┐
    │1\ │0\ │1\ │
  1 │ \8│ \6│ \2│ 3
    ├───┼───┼───┤
    │0\ │0\ │0\ │
  8 │ \6│ \2│ \4│ 1
    ├───┼───┼───┤
    │0\ │1\ │0\ │
  9 │ \4│ \2│ \8│ 7
    └───┴───┴───┘
     ⑰  7  ⑩  8
      8   0
```

くり上がりの処理を忘れずに。

【ステップ4】 マスの外側の数字を反時計回りの順に並べる。

197808 ……… （答）

197808

《解説》 つづき

【ステップ3】　結果を斜めにたす

　たす数の個数が増えてきます。とくに中央部では多くなります。

　1けたのたし算ですが，注意が必要です。とくに2けたの結果になるようなときは気をつけましょう。

　間違いを少なくするためには，結果が2けたになったら，頭のなかでくり上げの操作をせず，まず，マスの欄外へそのまま書きます。

　そのあとくり上がりの手続きをしてください。

　例では，2か所のくり上がりがあります。

　くり上がりのときは，くり上がった先（時計回りの隣）の数を加算することを忘れがちです。

　図に〇をつけて示した数の隣です。きちんと増やしてください。

【ステップ4】　答えを読み取る

　例のマス目の答えを欄外に並んだ数から読むと「197808」となります。

《問 題》

① 532 × 748

② 469 × 673

③ 924 × 217

④ 326 × 184

メソッド豊富なインド式かけ算

第2章 23

インド式かけ算の基本がわかる面積計算

《例題》

37 × 33 = ?

●**インド式かけ算の秘密——かけ算は面積計算です。**

2つの数をかけるかけ算は，長方形の面積を求める計算と同じです。

「だから，なんだ」とおしかりの声を受けそうですが，式のかけられる数とかける数をそのまま求めようとする面積の辺の長さとして図に描いても無意味です。

しかし，インド式の計算の特徴を考えてみてください。

「分解」です。「10の位と1の位に分けて考える」ということがよく出てきます。

この考えを，図に表すときに利用するのです。

《考え方》

【基本的な考え方】 **2けたのかけ算を面積の計算に置き換える。**

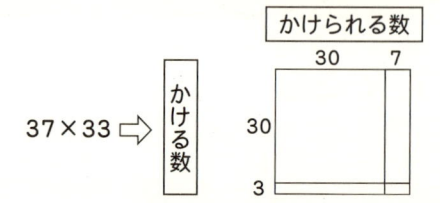

37×33 ⇒ かけられる数 / かける数

10の位と1の位がわかるように書くと，数に隠されている特徴がわかりやすい。

【秘密をさぐる】 **1の位をたすと10になり，10の位が同じかけ算の秘密。**

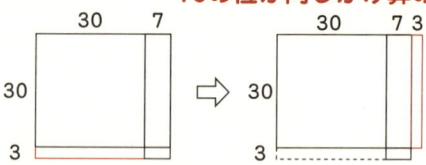

① かけられる数の10の位とかける数の10の位に1をたしたものとのかけ算
② 1の位どうしのかけ算

37×33 ＝ (3×4) ×100 ＋ (7×3)

※①と②の位は2けた違うので，①と②は並べれば答えになる。

(答) 1221

《解 説》

　左ページ上に示した図は，インド式計算の考え方を取り入れて，かけ算の式を，長方形の面積を求める図に置き換えたものです。

　長方形は4つの部分に分かれています。

　大きな長方形は，10の位の数だけのかけ算で求められる面積です。右下の小さい長方形は，1の位の数だけをかけて求められる面積部分です。右上と左下に中くらいの大きさの長方形がありますが，この2つは，それぞれ，かけられる数とかける数それぞれの10の位と1の位をかけることで求められる面積です。

　インド式計算の考え方で，かけ算を面積を求める図で表すと，こうなるわけです。

　じつは，こうすることで，数と数の関係なども明らかになり，インド式計算法の意味もわかってきます。

　37×33は，「**10の位の数が同じで，お互いの1の位をたすと10になる**」という数のかけ算です。

　こうした特徴をもつかけ算はかんたんに答えを求めることができました(40ページ参照)。なぜなのでしょうか。その意味が左ページに示してあります。

第2章 23

《問題》

① 27 × 32

② 59 × 51

③ 66 × 44

④ 93 × 102

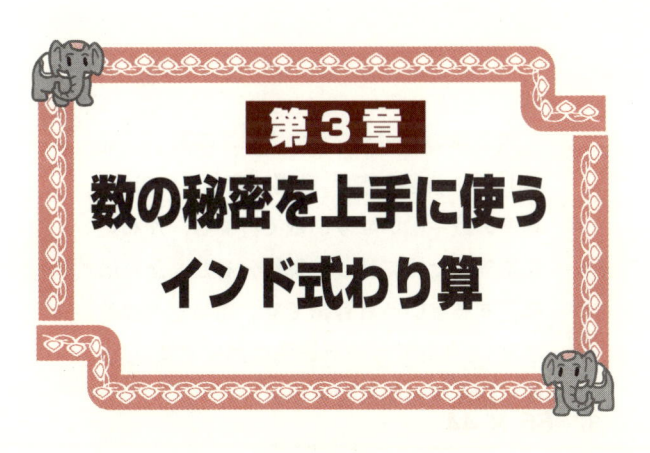

第3章
数の秘密を上手に使う
インド式わり算

第3章のわり算では,「基準の数」と「補数」という考え方が,色濃く表れています。基準の数＝扱いやすい数で計算し,かんたんにするために補った補数分をかんたんに補正するという計算法です。思わず「なるほど」とうなずける計算法ばかりです。じっくり読んでみてください。

第3章 1

「9」でわるわり算①
── 2けたのわられる数

《例題》

$$34 \div 9 = ?$$

●「9」は最も2けたに近い1けたの整数です。

ここまで「9」という数にこだわるか、というぐらいに、インド式計算ではこだわりが見えます。それだけ、インドの人は「9」という数の特殊性に気づいているのでしょう。

計算法はシンプルです。しかし、その理由を理解すると、さらに「目からウロコ」です。いろいろ理由を考えながら、「9」でわるわり算の方法を確かめてください。

第3章 1

《考え方》

34 ÷ 9

【ステップ1】 商を求める。

3̲ 4 ÷ 9

（わられる数の 10 の位をみる）

↓

3 …（商）

【ステップ2】 余りを求める。

3̲ 4̲ ÷ 9

（わられる数の 10 の位と 1 の位の数をたす）

↓

7 ……（余り）

34 ÷ 9 を計算すると，
　　(答)商 3，余り 7
となる。

《解 説》

「9」でわるわり算では、答えが与えられる数からすぐにわかります。そこがすごいところです。

例題の「34 ÷ 9」では、即座に「商は3」と出ます。そして、「余りは7」というのもすぐ答えられます。インド式計算のやり方は、左ページに示しました。では、本来の理由を考えてみましょう。

「9」のわり算のインド式計算法の裏側

じつは、この項の最初のページにヒントがあります。"「9」は最も2けたに近い1けたの整数"がそれです。

30 ÷ 9 を考えてみましょう。

9は最も10に近い数字なので、わられる数が2けたの計算では、10の位の数が、その数に含まれる9の数、つまり「商」なのです。ですから、10の位に3があれば、商は3なのです。そして、「余り」ですが、これも10の位の数がポイントです（1の位はまず意識しない）。9は10より1少ない数ですから、10から9をひとつ取り出すたびに、1残るわけです。たとえば、30 ÷ 9 では、余りも3になります。あとは1の位です。ここに何か数があれば、それを加えた数が最終的な「余り」となるわけです。

《問 題》

① 21 ÷ 9

② 62 ÷ 9

③ 43 ÷ 9

④ 52 ÷ 9

⑤ 17 ÷ 9

⑥ 70 ÷ 9

第3章 2
数の秘密を上手に使うインド式わり算

「9」でわるわり算②
── 3けたのわられる数

《例題》

$$214 \div 9 = ?$$

●最後のステップに,「9」でわるわり算の疑問が潜んでいます。

　最初に,ここに書いたような見出しを見ると,ちょっと啞然としてしまいますが,インド式計算法にケチをつけているわけではありません。念のため。

　じつは前の例題もそうなのですが,これから紹介する3けたの数を「9」でわる計算も,じつはあることを前提にして成り立っているのです。その前提については,あとでお話しします。

《考え方》

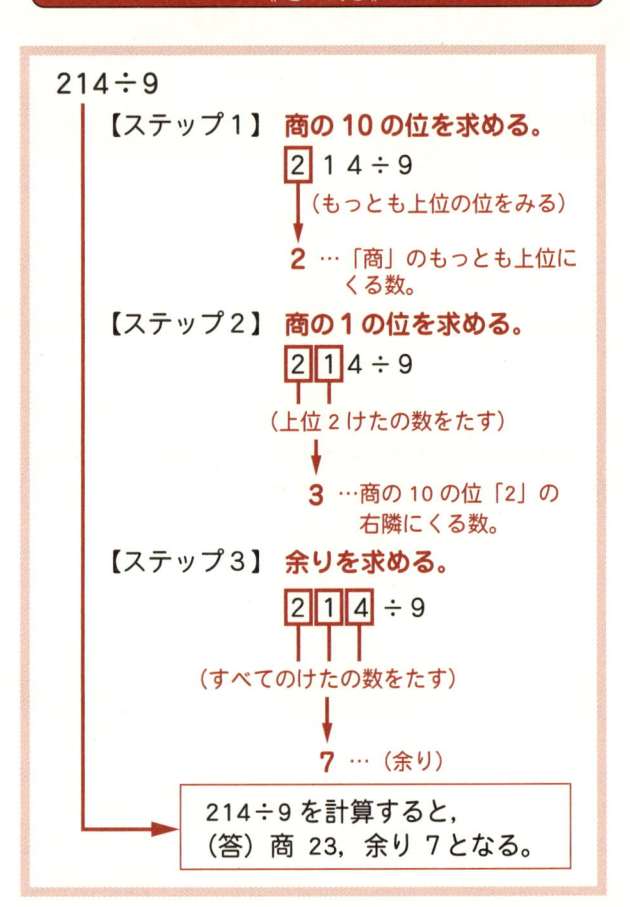

214 ÷ 9

【ステップ1】 **商の 10 の位を求める。**

[2] 1 4 ÷ 9
（もっとも上位の位をみる）

↓

2 … 「商」のもっとも上位にくる数。

【ステップ2】 **商の 1 の位を求める。**

[2] [1] 4 ÷ 9
（上位 2 けたの数をたす）

↓

3 … 商の 10 の位「2」の右隣にくる数。

【ステップ3】 **余りを求める。**

[2] [1] [4] ÷ 9
（すべてのけたの数をたす）

↓

7 …（余り）

214 ÷ 9 を計算すると，
（答）商 23，余り 7 となる。

《解説》

【ステップ1】 商の10の位の数を求める

わられる数が3けたの場合も、商も余りも2けたのときと同様、すでに与えられている数そのものに、答えが見えています。ただし、1けたの数である「9」で3けたの数をわるので、商は2けたになります。

【ステップ1】では、商の10の位の数を見つけます。わられる数の最上位の位にある数「2」です。

【ステップ2】 商の1の位の数を求める

商の1の位の数は、わられる数の上位2けたの数をたした数です。2＋1で、「3」です。

したがって、商は「23」です。

【ステップ3】 余りを求める

3けたの各位の数すべてをたし合わせます。

2＋1＋4で「7」となります。

じつは、最初に触れたあることを前提ということですが、「余り」の求め方にその前提が示されています。**わられる数は、各けたの合計が「9」を超えない数**だったのです。「9」を超える場合は、次の回で取り上げます。

第3章 2

《問題》

① $314 \div 9$

② $512 \div 9$

③ $422 \div 9$

④ $601 \div 9$

⑤ $260 \div 9$

⑥ $710 \div 9$

「9」でわるわり算③
—— 余りの処理が必要な計算

《例題》

$$538 ÷ 9 = ?$$

●これまでの方法で，9のわり算の余りが9を超える場合は，もうひと工夫必要です。

前の例題で触れた，わられる数の各けたの合計が9を超える場合の計算です。

しかし，何事もすんなり収まることばかりではありません。

余りが9を超えるということは，まだほんとうの余りではないということです。

もうイメージできた人もいるはずですが，最後に，余りをすっきりさせる処理を行います。

《考え方》

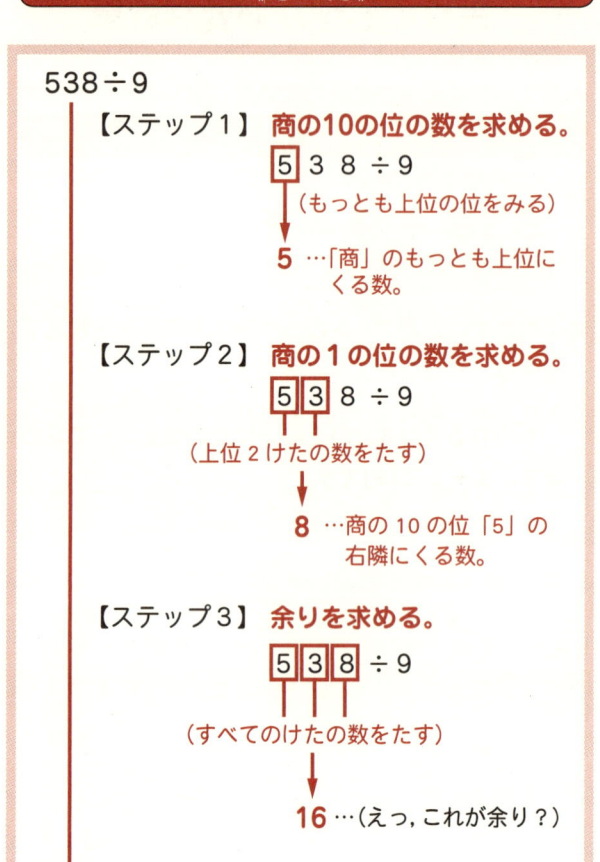

538 ÷ 9

【ステップ１】 **商の10の位の数を求める。**

[5] 3 8 ÷ 9

（もっとも上位の位をみる）

↓

5 …「商」のもっとも上位にくる数。

【ステップ２】 **商の1の位の数を求める。**

[5 3] 8 ÷ 9

（上位2けたの数をたす）

↓

8 …商の 10 の位「5」の右隣にくる数。

【ステップ３】 **余りを求める。**

[5][3][8] ÷ 9

（すべてのけたの数をたす）

↓

16 …（えっ, これが余り？）

《解 説》

計算手順は，前回の 2 と同じです。左ページの図を見て，各ステップの商の求め方，余りの求め方を確認してください。

【ステップ1】 商の10の位の数を求める

わられる数「538」の100の位の数「5」が，商の10の位の数になります。

【ステップ2】 商の1の位の数を求める

わられる数「538」の上位2けたの数をたして求めます。5＋3で「8」です。

【ステップ1，2】で商が求まりました。「58」になります。

【ステップ3】 余りを求める

さて，問題の余りです。これまでのやり方でいくと，5＋3＋8で求めますが，この計算では「16」となってしまい，わる数の9を超えてしまいます。

そこで，【ステップ4】があります。

第3章 3

《考え方》 つづき

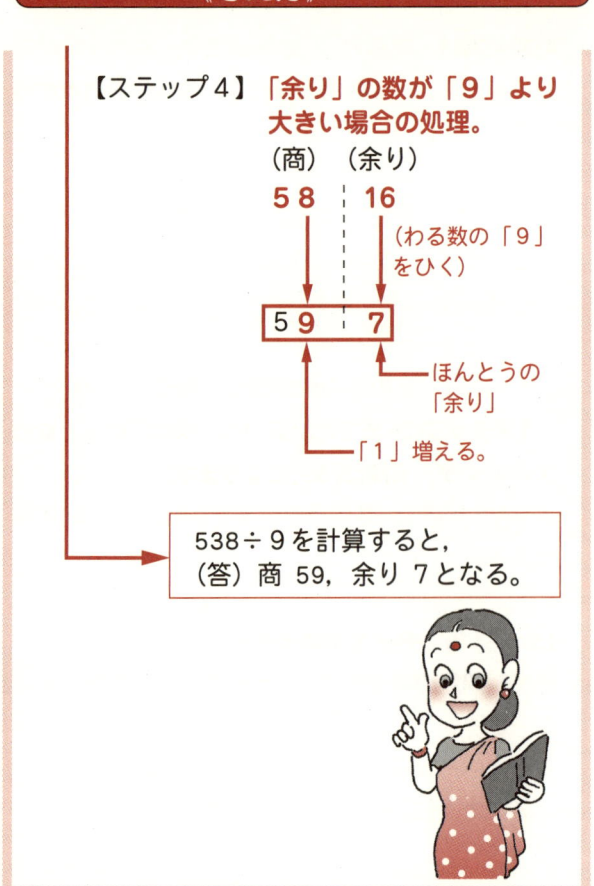

【ステップ４】 「余り」の数が「9」より大きい場合の処理。

(商) (余り)
5 8   16

↓   ↓ (わる数の「9」をひく)

| 5 9 | 7 |

→ ほんとうの「余り」

→ 「1」増える。

538÷9を計算すると、
(答) 商 59, 余り 7 となる。

《解 説》 つづき

【ステップ4】 正しい余りを求める

　今回の【ステップ3】のように，余りがわる数の9を超えてしまった場合は，その正しくない余りから，さらに9をひいてあげます。

　すると，ここでは，余りは16 − 9で「7」となります。

　これが，正しい余りです。

　さて，正しくない余りから9をひくということは，どういうことかといいますと，これは「商が1増える」ということです。

　【ステップ2】までの計算では，商は「58」となっていますが，実際は「59」になります。

　余りが違っていると，商も違う，ということは当たり前のことですね。

　わられる数の各けたの数の合計が9以上の場合は，必ず【ステップ4】の処理は必要になります。

◎ポイント◎

　「9」でわるわり算では，余りは9以上にはならない。

第3章 3

《問題》

① 254 ÷ 9

② 526 ÷ 9

③ 343 ÷ 9

④ 716 ÷ 9

⑤ 437 ÷ 9

⑥ 806 ÷ 9

「きり」のよい数で計算するわり算①

《例題》

$$1746 \div 29 = ?$$

●**インド式筆算でするわり算は，補数と基準の数を使って計算します。**

　大きな数のわり算，数に規則性のないわり算などは，そのままくり下がりを気にしながら計算を進めると，間違いをおかすことがあります。

　こんなとき，効果的なのが，わる数に近い基準になる数でわるという方法です。

　基準の数を使うということは補数も当然からんできます。

　インド式かんたんわり算にはこの基準の数と補数を効果的に使った筆算があります。

第3章 4

《考え方》

1746÷29

【ステップ1】 筆算形式で計算をすすめる。

```
    29 ) 1746    □ ← 「商」になる数
                    を入れる欄
```
わる数　わられる数

【ステップ2】 わる数の補数を求める。

$$\boxed{30} - 29 = \boxed{1}$$

基準になる数　補数

【ステップ3】 わられる数を基準の数でわり、「商×補数」をたす。

```
         29 ) 1746    5  … 「商」に「5」
(30-1)        150        がたつ。
              246
                5     …… 「商×補数」
              296        (5×1)をたす。
                         (けた位置を間違え
                         ないように)
```

《解 説》

【ステップ1】 わられる数とわる数を筆算形式で並べる

　左ページの図のように，わられる数とわる数を筆算形式で並べます。商はわられる数の右側に並べるようにします。ここでは，□を用意して入れられるようにしました。

【ステップ2】 基準の数と補数を決める

　わる数の基準になる数は，わる数「29」に近い，「きり」のよい数「30」にします。すると，補数は「1」です。

【ステップ3】 わる数は基準の数である

　これからは，わる数は基準の数「30」になります。30でわるほうが29でわるよりもかんたんですね。ただし，途中で30と29の差をうめるような補正を行っていきます。

　わる数と商とのかけ算の結果は，わられる数の下にけた数をそろえて入れていきます。わられる数からかけ算の結果をひいた残りの数は，さらにその下に置いていきます。そのあいだには線を入れて計算がわかるようにします。

第3章 4

《考え方》 つづき

【ステップ4】 残った数を基準の数でわり、「商 × 補数」をたす。

```
   29 ) 1 7 4 6    5 …商（10の位）
(30-1) 1 5 0
        2 4 6
            5
        2 9 6    9 …「商」に「9」
        2 7 0       がたつ。
           2 6
            9 …「商 × 補数」
           3 5    （9×1）をたす。
```

【ステップ5】 残った数を基準の数でわり、「商 × 補数」をたす。

```
   29 ) 1 7 4 6    5 …商（10の位）
(30-1) 1 5 0
        2 4 6
            5
        2 9 6    9 …商（1の位）
        2 7 0
           2 6
            9
           3 5    1 …「商」に「1」
           3 0       がたつ。
            5
            1 …「商×補数」(1×1)をたす。
            6 …（余り）
```

《解説》 つづき

　最初の計算では，商に「5」がたちます。

　5 とわる数「30」をかけると「150」。

　この数をわられる数の下に書きます。

　わられる数からこの数をひいた残りを，さらに下に書きます。けたの位置に気をつけてください。

　次がポイントです。

　29 ではなく，30 でわるための補正を行います。

　ここで，「商×補数」で得た数「5」をたしてあげます。

　このとき，「5」のけたの位置に気をつけてください。商の「5」は 10 の位の数です（「50」と考えてもよいでしょう）。

　これを加えると，わられる数の残りは「296」です。

【ステップ4】　つぎの商を求める

　　次は，商に「9」がたちます。この商は 1 の位です。

　計算は，やはり補正を行います。

　「商×補数」は，9 × 1 で「9」。わられる数の残りに 9 をたします。

【ステップ5】　つぎの計算をする

　　【ステップ4】では，わられる数の残りは「35」です。

第3章 4

《考え方》 つづき

【ステップ６】 **商の数を並べる。**

(商) は, 5×10+(9＋1)＝60
(余り) は, 6

1746÷29 を計算すると,
(答) 商 60, 余り 6 となる。

《解説》 つづき

さらに基準の数「30」でわることができます。商に「1」がたち，余りは「5」。これで終わってはだめです。数の補正を行ってから，さらにわれるかどうかを調べます。

「商×補数」は 1 × 1 で，補正は「1」。これを 5 にたしても 6。もう 30 でわることはできません。「6」は余りです。

【ステップ 6】 商と余りをまとめる

さて，商はどうなるか。「5」「9」「1」と求められてきました。「5」は前にも説明しましたが，商の 10 の位にたつ数です。「9」「1」は 1 の位にたっています。したがって，

　　50 + 9 + 1 = 60

となり，商は「60」です。

◎ポイント◎

基準の数でわるということは，わられる数から補数分多くひくことになる。そこで，途中で数の補正が必要になる。

第3章 4

《問題》

① 1857 ÷ 28   ② 2143 ÷ 37

「きり」のよい数で計算するわり算②

《例題》

$$5843 \div 32 = ?$$

●**基準の数がわる数より小さい場合，−（マイナス）符号のついた補数になります。**

ひとつの法則もひとつの事柄で理解していると，いろいろな状況になかなか適応できないことがあります。

逆に，すべてのケースを経験するということも難しいことです。

しかし，考えられるいくつかの例題に触れることは大事です。

ここでは，基準の数をわる数より小さく設定した場合の「きり」のよい数でのわり算を見ていくことにします。

当然，補数も出てきます。

《考え方》

5843÷32

【ステップ1】 筆算形式で計算をすすめる。

```
32 ) 5843  □ ←「商」になる数
                  を入れる欄
```
わる数　　わられる数

【ステップ2】 わる数の補数を求める。

$\boxed{30} - 32 = \boxed{-2}$

基準になる数　　補数

【ステップ3】 わられる数を基準の数でわり,「商×補数」をたす。

```
         32 ) 5843    1  …「商」に「1」がたつ。
(30-(-2))     30
              28           「商×補数」
              -2      …… (1×(-2))をたす。(けたの位置を
             264            間違えないように)
                4  … 次の位の「4」を下げる。
```

《解 説》

【ステップ1】 筆算形式を確認する

前の例題と同じ筆算形式で、計算を進めていきます。

【ステップ2】 基準の数と補数を確認する

わり算をかんたんにするために「きり」のいい数を使います。この数を「基準の数」といいます。

そして、この基準の数とわる数との差を「補数」といっているわけです。

よく見かける基準の数は、もとの数より大きい数を設定します。しかし、あまり差があると、計算がそれだけ難しくなることがあります。

「きり」のよい数はできるだけ、もとの数（今回はわる数）に近い数を設定したほうがよいことになります。

そこで、今回はわる数より小さい「30」を基準の数にします。すると、補数の符号も変わってきます。－（マイナス）がついています。

どのように扱うかについては、【ステップ3】以降で説明します。

《考え方》 つづき

【ステップ4】 残った数を基準の数でわり,「商 × 補数」をたす。

```
      3 2 ) 5 8 4 3  ①
(30-(-2))  3 0
           2 8
           - 2
           2 6 4    ⑧ …「商」に「8」
           2 4 0        がたつ。
             2 4
           - 1 6   …「商×補数」(8×(-2))をたす。
             8 3   …つぎの位の「3」を下げる。
```

【ステップ5】 残った数を基準の数でわり,「商 × 補数」をたす。

```
      3 2 ) 5 8 4 3  ①
(30-(-2))  3 0
           2 8
           - 2
           2 6 4    ⑧
           2 4 0
             2 4
           - 1 6
             8 3    ② …「商」に「2」
             6 0      がたつ。
             2 3
             - 4   …「商×補数」(2×(-2))をたす。
             1 9   …(余り)
```

《解 説》 つづき

【ステップ3】 基準の数「30」でわる

　わられる数を「30」でわります。わられる数の上位2けたは58,商に「1」がたちます。58から30をひいて「28」。ここまでは,前の例題と同じ処理です。前は,ここで「商×補数」分をたして,補数分多くわっていた数を補っていました。しかし,今回は実際にわり算に使っている基準の数はもともとのわる数より小さい数です。したがって,わられる数には補数分よけいに残っているということです。そこで,今回のような場合の補正は,補数分をひきます。1(商)×(－2)(補数)で,－2をたす,すなわち,わられる数の残りから2をひきます。

　ところで,商の「1」の位は何ですか。わられる数のどのけた位置にたった計算かを把握しておく必要があります。100の位ですね。

【ステップ4】 さらに筆算を進める

　商に「8」がたち,補正する数は8×(－2)で,「－16」となり,わられる数の残りの数から16をひきます。ここでも,商「8」のけた位置はしっかり確認しておいてください。

《考え方》 つづき

【ステップ6】 商の数を並べる。

（商）は， $1 \times 100 + 8 \times 10 + 2 = 182$
（余り）は， 19

> 5843÷32 を計算すると，
> （答）商 182, 余り 19 となる。

《解説》 つづき

【ステップ5】 さらに,さらに筆算を進める

商に「2」がたちます。したがって,補正する数は,2×(−2)で「−4」になります。わられる数の残りの数から4をひきます。「19」です。19はもう30でわることはできません。したがって,余りは「19」になります。

【ステップ6】 商と余りをまとめる

余りは,【ステップ5】ですでにわかっています。

ここでは,商について説明します。これまでの説明の中で何度か,けた位置の確認のことに触れてきました。というのも,けた位置を間違えると正しい答えにならないからです。

最初の「1」は100の位にたちました。次の「8」は10の位です。そして,最後の「2」が1の位です。したがって,商は「182」となります。

第3章 5

《問題》

次の計算をするとき，途中でわられる数が補正されると，マイナスになります。その場合は，たてた商を1減らして計算を進めてください。

① 6428 ÷ 33   ② 3743 ÷ 42

解答・解説

解答・解説

第1章 インド式計算の基礎

1 「きり」のよい数
―― 補数を使う計算に慣れる　　　(p.16)

解答 ① 基準の数 40, 補数 1　② 基準の数 80, 補数 4　③ 基準の数 30, 補数 2　④ 基準の数 70, 補数 3　⑤ 基準の数 20, 補数 3　⑥ 基準の数 60, 補数 2　⑦ 基準の数 50, 補数 1　⑧ 基準の数 90, 補数 3　⑨ 基準の数 50, 補数 －1　⑩ 基準の数 60, 補数 －2

【解説】 インド式計算法で用いる「補数」は, 計算上必要な基準の数に対してのものです。

2 インド式たし算①――2けたのたし算 (p.20)

解答 ① 123　② 122　③ 104　④ 138　⑤ 117　⑥ 127

【解説】 くり上がりを意識しないで計算できる強みがインド式たし算の特徴です。左側の位から計算をすすめるところがポイントです。

3 インド式たし算②
―― けた数の多いたし算　　　(p.24)

解答 ① 664　② 1279　③ 1120　④ 918

⑤ 1455　⑥ 1050

【解説】 手順を書いていくと手間がかかりそうに思えますが、インド式たし算の筆算では、それぞれの位のたし算をくり返し行うだけです。くり上がりは「2けたの数字」を異なる段で重ねて記述するだけで、いくつくり上がりがあるかを記憶している必要がないところがシンプルです。

4　インド式ひき算①
——1000 からひくひき算　(p.28)

解答　① 565　② 711　③ 269　④ 836
　　　　⑤ 377　⑥ 492

【解説】 「1000」からのひき算です。1000の位は意識せず、100と10の位はひく数と「たして9」になる数を、1の位は「たして10」になる数を探します。見つかったら、上位の位から順番に並べて答えです。

5　インド式ひき算②
——けた下がりが見えるひき算　(p.32)

解答　① 3662　② 5519　③ 2707
　　　　④ 1208　⑤ 8453　⑥ 6316

【解説】 1000の位の数が「1ではない」数の場合です。1000の位の数は1つ下げ、それ以外は「1000」からのひき算だと思って計算すれば、答えになります。

解答・解説

第2章 メソッド豊富なインド式かけ算

1 11から19段までのかけ算の驚き (p.38)

解答 ① 209 ② 180 ③ 221 ④ 288
⑤ 195 ⑥ 342

【解説】 左側の位から計算します。一方の数に他方の数の1の位の数をたしたものに，1の位どうしをかけた数をけた位置をずらして重ねてたします。

2 67×63をかんたん計算！ (p.42)

解答 ① 2024 ② 5621 ③ 1224
④ 616 ⑤ 7209 ⑥ 9016

【解説】 10の位の計算と1の位の計算を，別々に求めて並べるだけです。それぞれの位の計算は本文を参照してください。

3 48×68をかんたん計算！ (p.46)

解答 ① 2709 ② 1804 ③ 3036
④ 1649 ⑤ 2625 ⑥ 2016

【解説】 数の関係や特徴をしっかりつかんでください。計算はそれからです。

解答・解説

4 58 × 56 をかんたん計算！　　　　（p.50）

解答 ① 1216　② 5256　③ 2205
④ 4288

【解説】　長方形の面積を求める式と同様に考えます。10の位と1の位で数を分けてイメージすると，計算もかんたんです。

5 157 × 153 をかんたん計算！　　　　（p.54）

解答 ① 46221　② 21024　③ 34216
④ 105609

【解説】　同じ部分を2けた取り出して分けて計算しますが，そのとき，10の位になる数が1以外の場合は，本文の例とは異なる方法で計算します。「10の位が同じ2けたのかけ算」を思い出してください（47ページ参照）。

6 311 × 389 をかんたん計算！　　　　（p.58）

解答 ① 200979　② 560979　③ 300979
④ 720979

【解説】　かけられる数にふくまれる「11」は注目です。このあと63ページに出てくる計算法を使うと，もっとかんたんに計算できます。

解答・解説

7 748 × 999 をかんたん計算！　　(p.62)

解答　① 755244　② 346653　③ 811188
　　　　④ 931068　⑤ 572427　⑥ 863136

【解説】　かけられる数とかける数が逆になっていても惑わされないようにしましょう。慣れると，数を見ただけで答えがわかるようになります。

8 ○●× 11 の計算は，「えっ」と思う間に答えが出る　　(p.66)

解答　① 583　② 1012　③ 858　④ 704
　　　　⑤ 495　⑥ 979

【解説】　11 ではないほうの数に注目すると，10 の位と 1 の位の数で，両方をたした数をサンドイッチした状態になります。

9 100 に近い数どうしのかけ算①
　　── 100 より小さい数の場合　　(p.70)

解答　① 9016　② 8928　③ 8091
　　　　④ 8455

【解説】　補数を表立って使う計算法です。

10 100に近い数どうしのかけ算②
——100より大きい数の場合 (p.74)

解答 ① 10504　② 11016　③ 11554　④ 11021

【解説】 基準の数との差ですから，補数には「＋」「－」の符号がつきます。100より大きい数の場合なので，補数には前の例題と異なる符号がつきます。

11 100に近い数どうしのかけ算③
——100より小さい数と大きい数の場合 (p.78)

解答 ① 9737　② 8874　③ 9256　④ 10176

【解説】 補数のかけ算が負の数になるので，それを解消するために，やはり補数を使います。基準の数は1けた上のきりのいい数なので，くり下がりに注意が必要です。

12 インド式たすきがけ計算①
——2けたのかけ算 (p.82)

解答 ① 3354　② 1073　③ 3276　④ 7776

【解説】 この計算法もくり上がりを意識することが少なく，混乱の起きにくい計算法です。

解答・解説

13 インド式たすきがけ計算②
──3けたのかけ算　　　　　　（p.88）

解答　① 132404　　② 77875　　③ 75348
　　　　④ 710512

【解説】　けた数が増えると，各けたの結果を書き並べるときに，けた位置を間違えやすくなります。注意が必要です。

14 インド式たすきがけ計算③
──4けたのかけ算　　　　　　（p.94）

解答　① 9587248　　② 51674916

【解説】　けた数がさらに増えたたすきがけ計算です。たすきをかける相手が遠くなると，見落としが生じやすくなります。順番に追いかけることが大切です。

15 インド式たすきがけ計算④
──けたがふぞろいな数(1)　　　（p.100）

解答　① 13533　　② 51136

【解説】　たすきがけ計算の実践編ですね。いつもけた数のそろったかけ算ばかりではありません。異なっているケースのほうが多いでしょう。

解答・解説

16 インド式たすきがけ計算⑤
―― けたがふぞろいな数（2） (p.108)

解答 ① 12377674 ② 38535496

【解説】 けた数が多く，さらにけた数に差のあるかけ算です。遠い数字の組み合わせに注意です。けた数のカウントとともに，見落としに気をつけてください。

17 1けた目が「5」なら2乗もかんたん①
―― 2けたの2乗計算 (p.112)

解答 ① 1225 ② 3025 ③ 4225
④ 7225 ⑤ 5625 ⑥ 9025

【解説】 2乗計算の特殊な場合（1けた目が「5」）です。この方法だけでも覚えておくとけっこう便利です。

18 1けた目が「5」なら2乗もかんたん②
―― 3けたの2乗計算 (p.116)

解答 ① 189225 ② 455625 ③ 105625
④ 893025 ⑤ 511225 ⑥ 81225

【解説】 上位2けたと1けた目を分けて計算しますが，上位2けたの計算はまた，別の計算法が絡んでくることに注意です。

解答・解説

19 直線の交点を利用した計算①
── 2けたのかけ算　　　　　（p.122）

解答 ① 2193　② 2016

【解説】 図参照。

① 43×51

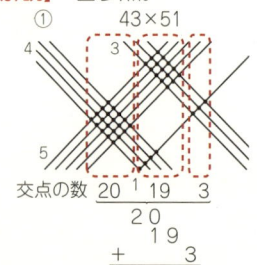

交点の数　20 | 19 | 3
```
   2 0
     1 9
 +     3
 ─────────
   2 1 9 3
```

② 32×63

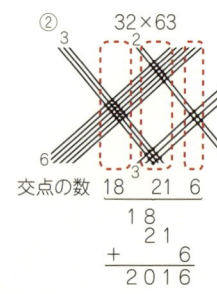

交点の数　18 | 21 | 6
```
   1 8
     2 1
 +     6
 ─────────
   2 0 1 6
```

20 直線の交点を利用した計算②
── 3けたのかけ算　　　　　（p.128）

解答 ① 2600　② 13902

【解説】 図参照。

① 104×25

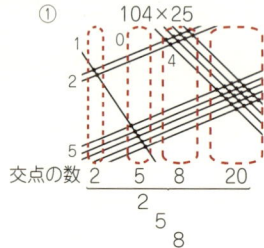

交点の数　2 | 5 | 8 | 20
```
   2
     5
       8
 +    2 0
 ─────────
   2 6 0 0
```

② 331×42

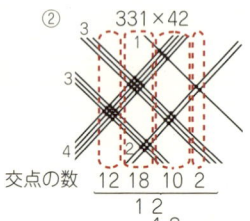

交点の数　12 | 18 | 10 | 2
```
   1 2
     1 8
       1 0
 +       2
 ─────────
   1 3 9 0 2
```

解答・解説

21 マス目計算でかけ算もかんたん①
—— 2けたの計算 (p.134)

解答
① 3285
② 1976
③ 2328
④ 5762

【解説】 図参照。

22 マス目計算でかけ算もかんたん②
—— 3けたの計算 (p.140)

解答
① 397936
② 315637
③ 200508
④ 59984

【解説】 図参照。

187

解答・解説

23 インド式かけ算の基本がわかる面積計算 (p.144)

解答 ① 864 ② 3009 ③ 2904 ④ 9486

【解説】 図参照。

① 27×32

	30	2
20		
7		

② 59×51

	50	1
50		
9		

③ 66×44

	40	4
60		
6		

④ 93×102

	100	2
90		
3		

第3章 数の秘密を上手に使うインド式わり算

1 「9」でわるわり算①
──2けたのわられる数 (p.150)

解答
① (商)2,(余り)3　② (商)6,(余り)8
③ (商)4,(余り)7　④ (商)5,(余り)7
⑤ (商)1,(余り)8　⑥ (商)7,(余り)7

【解説】 「9」という"1けた最大の整数"の特徴をしっかり理解して取り組むと,インド式計算法もかんたんに理解できます。

解答・解説

2 「9」でわるわり算②
──3けたのわられる数　　　　　（p.154）

解答　① （商）34，（余り）8　②　（商）56，（余り）8
　　　③　（商）46，（余り）8　④　（商）66，（余り）7
　　　⑤　（商）28，（余り）8　⑥　（商）78，（余り）8

【解説】　3けたになっても，2けたのときと考え方はまったく同じです。

3 「9」でわるわり算③
──余りの処理が必要な計算　　　　（p.160）

解答　① （商）28，（余り）2　②　（商）58，（余り）4
　　　③　（商）38，（余り）1　④　（商）79，（余り）5
　　　⑤　（商）48，（余り）5　⑥　（商）89，（余り）5

【解説】　9でわるわり算ですから，余りが9以上ということは絶対にないわけです。もし，9以上の余りが出たら，必ず取り出せる9の個数分を商にくり入れて，正しい余りにします。

4 「きり」のよい数で計算するわり算①（p.168）

解答　① （商）66，（余り）9　②　（商）57，（余り）34
【解説】　きりのよい数を使って，わり算をかんたんにする方法です。きりのよい数を使うので，途中で補数分を補正する必要があるところがポイントです。図参照。

解答・解説

①
```
    28)1857  6 …商（10の位）
(30-2) 180
        5
       12 ………補正
      177  5 …商（1の位）
      150
       27
       10 ………補正
       37  1 …商（1の位）
       30
        7
        2 ………補正
        9 ………（余り）
```

②
```
    37)2143  5 …商（10の位）
(40-3) 200
       14
       15 ………補正
      293  7 …商（1の位）
      280
       13
       21 ………補正
       34 …（余り）
```

5 「きり」のよい数で計算するわり算② (p.176)

解答　①　（商）194,（余り）26　②　（商）89,（余り）5

【解説】　補数の符号が逆になるので，補正の際に○をつけましょう。図参照。

解答・解説

①
```
      33)6428   [1]   …計算上は「2」がたつが，実際
(30-(-3)) 30              には 33 でわっているので，「1」
          34              にする。
         ⊖3  ……… 補正
         312   [9]
         270
          42
         ⊖27 ……… 補正
          158  [4]
          120
           38
          ⊖12 ……… 補正
           26 …（余り）
```

②
```
      42)3743   [8]   …計算上は「9」がたつが，実際
(40-(-2)) 320             には 42 でわっているので，「8」
          54              にする。
         ⊖16 ……… 補正
          383  [9]
          360
           23
          ⊖18 ……… 補正
            5 …（余り）
```

● 著者紹介

佐藤弘文（さとう　ひろふみ）
大学卒業後に教材・参考書（おもに算数・数学）の編集から本づくりの道に入る。途中，出版界を一時離れ，コンピュータのシステム開発にたずさわる。その後十数年間は，多くのコンピュータ書を手がける。1996年独立。現在は，これまで積み重ねてきた本づくり歴を生かし，算数・数学，情報，物理，法律，歴史・地理など，多くの分野の出版に執筆・編集でかかわっている。教育情報化コーディネータ準2級（JAPET）。

計算力がつくインド数学入門ドリル

著　者	佐藤弘文
発行者	永岡修一
発行所	株式会社永岡書店
	〒176-8518　東京都練馬区豊玉上1-7-14
	代表 03-3992-5155　編集 03-3992-7191
印刷所	精文堂印刷
製本所	コモンズデザイン・ネットワーク

ISBN978-4-522-42523-7　C0141
落丁本・乱丁本はお取替えいたします。
本書の無断複写・複製・転載を禁じます。